WILEY

做中学丛书

31 堂数学实验课

Janice VanCleave's Math for Every Kid

【美】詹妮丝·范克里夫 著 林硕 韩川 译

 上海科学技术文献出版社
Shanghai Scientific and Technological Literature Press

图书在版编目（CIP）数据

31 堂数学实验课／（美）詹妮丝·范克里夫著；林硕，韩川译．
—上海：上海科学技术文献出版社，2017
书名原文：JANICE VANCLEAVE'S MATH FOR EVERY KID
ISBN 978-7-5439-7495-1

Ⅰ．① 3… Ⅱ．①詹…②林…③韩… Ⅲ．①数学—青少年
读物 Ⅳ．① O1-49

中国版本图书馆 CIP 数据核字（2017）第 174533 号

Janice VanCleave's Math for Every Kid: Easy Activities that Make Learning Math Fun

图字：09-2013-532

责任编辑：于学松
特约编辑：石　婧
装帧设计：有滋有味（北京）
装帧统筹：尹武进

31 堂数学实验课

[美]詹妮丝·范克里夫　著　林硕　韩川　译
出版发行：上海科学技术文献出版社
地　　址：上海市长乐路 746 号
邮政编码：200040
经　　销：全国新华书店
印　　刷：常熟市人民印刷有限公司
开　　本：650×900　1/16
印　　张：13.25
字　　数：143 000
版　　次：2017 年 11 月第 1 版　2017 年 11 月第 1 次印刷
书　　号：ISBN 978-7-5439-7495-1
定　　价：25.00 元
http://www.sstlp.com

目　录

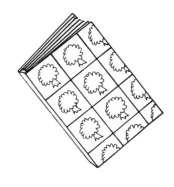

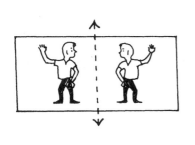

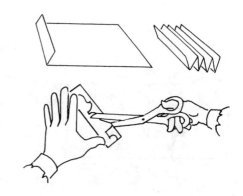

基础篇

分数

你将知道

如何写一个分数。

预备小知识

分数表示全部当中的几份，即表示整体中的一部分。

就像上图中的饼，被分成了 8 等分。小苏吃了其中的 1 块。这里就用 $\frac{1}{8}$ 这个分数来表示小苏吃的饼占整张饼的多少。当你读一个分数时，先从横线下方的数字开始，然后才是上面的数字。比如刚才的 $\frac{1}{8}$ 就读作：八分之一。

横线下方的数被称为**分母**，告诉我们一个整体被分成了多少等分。横线上方的数则被称为**分子**，告诉我们一个量占整体的多少等分。

$$\frac{1}{8} = \frac{分子}{分母} = \frac{被吃掉的块数}{一张饼分出的块数}$$

一起来想想

问题

下图中，在水中的青蛙占总数的分数是多少？

想一想

（1）有多少只青蛙在水中啊？4 只。

（2）一共有多少只青蛙？6 只。

解答

$\frac{4}{6}$ 的青蛙在水中。

练习题

1a. 滑冰的小孩占总体的分数是多少？

1b. 玩弹珠的小孩占总体的分数是多少？

2a. 放风筝的小孩占总体的分数是多少？

2b. 坐在地上的小孩占总体的分数是多少？

小实验　半衰期

实验目的

演示放射性物质是如何随时间变化的。

你会用到

一张纸,一支记号笔,2只空鞋盒,一把剪刀,一只计时器。

实验步骤

❶ 用记号笔分别在 2 只鞋盒上写下"衰变"和"未衰变"。

❷ 用剪刀将纸对半剪开。

❸ 将其中的一半放入标记"未衰变"的盒子中。

❹ 将另一半放入标记"衰变"的盒子中。在整个实验过程中,所有放入"衰变"盒子中的纸片就不能再动了。

❺ 设置计时器的时间为一分钟。

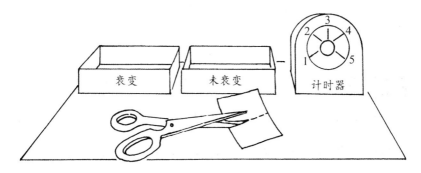

❻ 每到一分钟,就将"未衰变"盒子中的纸片再对半剪开。

❼ 如之前所做的那样,将其中一半放入"衰变"的盒子中,

另一半放入"未衰变"的盒子中。

8 每到一分钟，就重复一次以上步骤。

9 直到"未衰变"盒子中的纸片已经小到无法再剪。

实验结果

在头一分钟，有 $\frac{1}{2}$ 的材料被放入"衰变"的盒子中，这代表在实际情况中放射性材料的变化。在接下来的一分钟，又有 $\frac{1}{2}$ 的剩余材料被放入"衰变"的盒子中，仅仅剩下原来的 $\frac{1}{4}$。

到了 3 分钟时，仅剩下原来的 $\frac{1}{8}$。人们将放射性材料半数材料发生变化的周期称为**半衰期**。在本次试验中，半衰期就是 1 分钟。只需 10～12 分钟，剩下的纸片就会因为太小而无法再剪。纸片会在"衰变"的盒子中不断积累，但是随着时间推移，"未衰变"盒子中的纸片将越来越小。只要时间足够长，所有的放射性材料都将衰变，但是对于不少材料，这种变换需要千百万年。

由此，我们就建立了一个很简单的模型来反映一个复杂的话题——放射性材料的衰变。

实验揭秘

核废料中的钚－239，它的半衰期长达 24 000 年。每 24 000 年，就有 $\frac{1}{2}$ 的材料发生衰变，而剩下的 $\frac{1}{2}$ 保持不变。因此，使用过后的核燃料棒带有钚－239，它的危害依旧要持续千百万年。

练习题参考答案

1a。

（1）多少个孩子在滑冰？

3 个。

（2）总共有多少个孩子？

5 个。

答：$\dfrac{3}{5}$ 的孩子在滑冰。

1b。

（1）多少个孩子在玩弹珠？

2 个。

（2）总共有多少个孩子？

5 个。

答：$\dfrac{2}{5}$ 的孩子在玩弹珠。

2a。

（1）多少个孩子在放风筝？

4 个。

（2）总共有多少个孩子？

7 个。

答：$\dfrac{4}{7}$ 的孩子在放风筝。

2b。

（1）多少个孩子坐着？

3 个。

（2）总共有多少个孩子？

7 个。

答：$\dfrac{3}{7}$ 的孩子坐着。

比率关系

你将知道

如何了解总量与部分量之间的比率关系。

预备小知识

当要了解一堆已知总量的物品中各类物品的多少时，可以使用3个步骤：

步骤 1 如果这个总量是整数时，首先在它的下面添加分母 1，使这个整数变成一个**假分数**。

例如：$12 = \dfrac{12}{1}$

步骤 2 将这个总数和对应的部分的含量（分数）相乘。其中，分子与分子相乘，分母与分母相乘。

例如：$\dfrac{2}{3} \times \dfrac{12}{1} = \dfrac{2 \times 12}{3 \times 1} = \dfrac{24}{3}$

$\dfrac{3}{8} \times \dfrac{2}{4} = \dfrac{3 \times 2}{8 \times 4} = \dfrac{6}{32}$

步骤 3 将所得的分数化至最简形式。

当分子比分母大的时候,例如: $\dfrac{24}{3}$ 这样的分数,就可以通过分子除以分母,使整个分数得以化简。

$$3 \overline{\smash{)}\begin{array}{r} 8 \\ 2\,4 \\ \underline{2\,4} \\ 0 \end{array}} \qquad \dfrac{24}{3} = 8$$

但是,如果分母不能整除分子,比如 $\dfrac{7}{3}$,那么可以将除法所得的商写在分数的前方,分母保持不变,而余数作为分子。

$$3 \overline{\smash{)}\begin{array}{r} 2 \\ 7 \\ \underline{6} \\ 1 \end{array}} \longleftarrow 分子 \qquad \dfrac{7}{3} = 2\,\dfrac{1}{3}$$

当分子比分母小的时候,例如: $\dfrac{6}{32}$,则可以将分子、分母同除以它们的**最大公因数**,即能同时将分子、分母整除的最大的整数。

$$\dfrac{6 \div 2}{32 \div 2} = \dfrac{3}{16}$$

一起来想想

问题 1

卡罗尔将一天的 $\dfrac{1}{12}$ 时间用于学习。那么他一天有多少小时用于学习？

想一想

一天有 24 小时。卡罗尔一天的学习时间为：

$$\frac{1}{12} \times 24 \text{ 小时}$$

步骤 1　　$24 = \frac{24}{1}$

步骤 2　　$\frac{1}{12} \times \frac{24}{1} = \frac{1 \times 24}{12 \times 1} = \frac{24}{12}$

步骤 3
$$12\overline{)24} \atop $$

$\frac{24}{12} = 2$

解答

卡罗尔一天有 2 小时用于学习。

科 学 课

露丝夫人的科学课有 $\frac{1}{2}$ 是男生，其中 $\frac{2}{3}$ 的男生穿网球鞋。那么这个班上穿网球鞋的男生的比率是多少？

想一想

$\frac{1}{2} \times \frac{2}{3} =$ 穿网球鞋男生的比率

步骤 1 $\frac{1 \times 2}{2 \times 3} = \frac{2}{6}$ 　　　　　 步骤 2 $\frac{2 \div 2}{6 \div 2} = \frac{1}{3}$

解答

班上有 $\frac{1}{3}$ 的男生穿网球鞋。

练习题

1. 帕齐在暑假读了 40 本书，其中 $\frac{3}{4}$ 是奇幻类图书。那么她读了多少本奇幻类图书？

2. 在花园播下的 60 粒种子中，有 $\frac{3}{5}$ 是韦德种的。那么韦德在花园中播下了多少粒种子？

3. 安伯将一天的 $\frac{1}{4}$ 时间用来睡觉，那么他一年睡觉的时间累计有多少天？

4. 已知地球表面的 $\frac{3}{10}$ 是陆地。北美洲占了地球陆地面积的 $\frac{1}{6}$。那么北美洲占地球面积的多少？

小实验　空气中的气体比例

实验目的

空气中各种气体成分是如何混合在一起的。

你会用到

78 块果汁软糖，一块紫色水果糖，21 块红色水果糖，一只大塑料袋。

实验步骤

❶ 将果汁软糖和水果糖都放入塑料袋中。

❷ 封好袋子，并充分晃动袋子使它们混合均匀。

❸ 将手伸进袋子，取出一些糖果。

❹ 数数取出的这些糖——果汁软糖、红色水果糖、紫色水果糖的数量。

　　取出的红色水果糖要比取出的果汁软糖的数量要少。而紫色水果糖更是微乎其微。

　　这种混合反映一份洁净、干燥的空气中各种气体成员的含量。其中 $\frac{78}{100}$ 是氮气（果汁软糖），$\frac{21}{100}$ 是氧气（红色水果糖），而 $\frac{1}{100}$ 是其他成分的气体（紫色水果糖）。而实际上，地球上不同地方的气体成分总是存在着微小的差异。

练习题参考答案

1.

$$\frac{3}{4} \times 40 = ?$$

步骤 1 $\dfrac{3 \times 40}{4 \times 1} = \dfrac{120}{4}$

步骤 2
$$4 \overline{)\begin{array}{r} 3\ 0 \\ 1\ 2\ 0 \\ \underline{1\ 2} \\ 0\ 0\ 0 \end{array}} \qquad \frac{120}{4} = 30$$

答：帕齐在暑假读了 30 本奇幻类的图书。

2.

韦德所播种子的数目 $= \dfrac{3}{5} \times 60$

步骤 1 $\dfrac{3 \times 60}{5 \times 1} = \dfrac{180}{5}$

步骤 2
$$5 \overline{)\begin{array}{r} 3\ 6 \\ 1\ 8\ 0 \\ \underline{1\ 5} \\ 3\ 0 \\ \underline{3\ 0} \\ 0\ 0 \end{array}} \qquad \frac{180}{5} = 36$$

答：韦德播下了 36 粒种子。

3.

一年通常为 365 天。

$$\frac{1}{4} \times 365 = \frac{1}{4} \times \frac{365}{1}$$

步骤 1 $\dfrac{1 \times 365}{4 \times 1} = \dfrac{365}{4}$

步骤 2

$$4\overline{)365} \quad \begin{array}{c} 9\ 1 \end{array}$$

$$\frac{365}{4} = 91\frac{1}{4}$$

$\longleftarrow$ 余数

答：安伯一年睡觉的时间累计有 $91\frac{1}{4}$ 天。

4.

$$\frac{3}{10} \times \frac{1}{6} = ?$$

步骤 1 $\dfrac{3 \times 1}{10 \times 6} = \dfrac{3}{60}$

步骤 2 $\dfrac{3 \div 3}{60 \div 3} = \dfrac{1}{20}$

答：北美大陆占地球面积的 $\dfrac{1}{20}$。

3 等值分数

你将知道

如何求出等值分数。

预备小知识

等值分数表示对于一个总量固定的整体所占的量相同。比如，一个圆的 $\frac{1}{2}$ 与相同圆的 $\frac{2}{4}$ 所表示的量是相同的。

这可以记作：$\frac{1}{2} = \frac{2}{4}$，或者也可以说：$\frac{2}{4} = \frac{1}{2}$。从中可以看出，当需要将分数从一个小分母的形式转化成大分母的形式，就需要将分子分母同乘以同一个数（非 0 且大于 1）；当需要将一个分数形式从一个大分母的形式转化成小分母的形式，则需要将分子分母同除以同一个数（非 0 且大于 1）。

一起来想想

求出等值分数： $\dfrac{1}{2} = \dfrac{?}{4}$

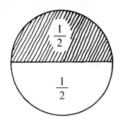 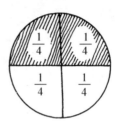

想一想

（1） $2 \times ? = 4$

（2） $\dfrac{1 \times 2}{2 \times 2} = \dfrac{2}{4}$

答： $\dfrac{1}{2} = \dfrac{2}{4}$ 。

问题2

求出等值分数： $\dfrac{6}{8} = \dfrac{?}{4}$

 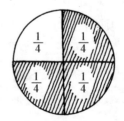

（1）$8 \div ? = 4$

（2）$\dfrac{6 \div 2}{8 \div 2} = \dfrac{3}{4}$

答：$\dfrac{6}{8} = \dfrac{3}{4}$。

练习题

1. 斯特林把自己的面包圈吃了 $\dfrac{4}{8}$，而尤拉把自己的面包圈等分成 4 份。那么尤拉要吃多少份，才会和斯特林吃的量一样多？

$$\frac{4}{8} = \frac{?}{4}$$

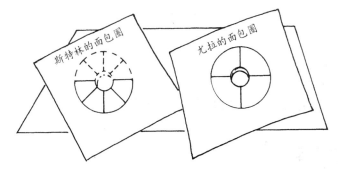

2. 美娜将她的生日蛋糕等分成了 16 块。如果每个人只吃 1 块，则 $\dfrac{3}{4}$ 的蛋糕可以让多少人吃？

$$\frac{3}{4} = \frac{?}{16}$$

3. 劳拉拿出 100 枚硬币来教她妹妹学习分数。请你确定下列分数所对应的硬币数目。

a. 100 枚硬币的 $\dfrac{3}{4}$

b. 100 枚硬币的 $\dfrac{4}{25}$

小实验

实验目的

等值分数实际表达的是相同的量。

你会用到

一张带横线的 A4 纸，一把直尺，一把剪刀，一支铅笔。

实验步骤

❶ 把尺子与纸的最上头横线对齐。

❷ 从左起向右沿该直线 15 厘米处画一标记。

❸ 将尺子移至下行再画一个标记。

❹ 以此类推，画上 7 个标记。

❺ 将尺子对角放置，使得尺子一端在第一条线的左端，而另一端在最后一条线的右端。

❻ 沿尺子画线，以此连接这 2 个端点。

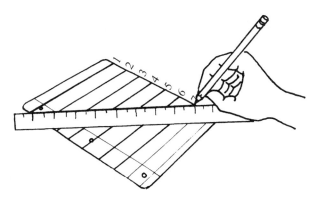

❼ 用剪刀沿对角线将纸剪开。

❽ 将纸平放在左面上，再将纸下移一行，使第 6 条线的右侧与第 7 行的左侧相对。

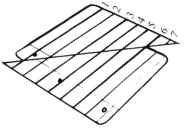

❾ 这样测量每条线的长度。

实验结果

这 7 条线每条都是 15 厘米。将纸下移一行，则最下面的那条线就将断开，而其他线都变为 17.5 厘米长。原先 7 条线的长度总和达到 105 厘米，这与平移之后 6 根线的长度总和相同。这 6 根线的长度总和与原来的 7 根线的长度相同,因此,我们可以把其写为 $\frac{6}{6} = \frac{7}{7}$ 的分数形式。

实验揭秘

你的一生中有 $\frac{1}{4}$ 的时间用以睡眠,这相当于每年有 2 190 个小时。而要知道出生至今睡了多少时间,只要把你的年龄乘以 2 190 即可知道。一年有 8 760 个小时,你算算,你有几分之几的时间是用来学习数学的?

练习题参考答案

1.

(1) $8 \div ? = 4$

(2) $\frac{4 \div 2}{8 \div 2} = \frac{2}{4}$

(3) $\frac{4}{8} = \frac{2}{4}$

答:尤拉要吃这样的面包圈 2 份。

2.

(1) $4 \times ? = 16$

(2) $\frac{3 \times 4}{4 \times 4} = \frac{12}{16}$

(3) $\frac{3}{4} = \frac{12}{16}$

答：$\frac{3}{4}$ 的蛋糕可以供 12 个人吃。

（1）$4 \times ? = 100$

（2）$\dfrac{3 \times 25}{4 \times 25} = \dfrac{75}{100}$

（3）$\dfrac{3}{4} = \dfrac{75}{100}$

答：100 枚硬币的 $\frac{3}{4}$ 是 75 枚硬币。

（1）$25 \times ? = 100$

（2）$\dfrac{4 \times 4}{25 \times 4} = \dfrac{16}{100}$

（3）$\dfrac{4}{25} = \dfrac{16}{100}$

答：100 枚硬币的 $\frac{4}{25}$ 是 16 枚硬币。

4 平均数

你将知道

如何求出平均数。

预备小知识

平均数反映了调查事件的宏观信息。比如，一年的平均降水量，并不说明一年当中特定某一天的降水有多少，但它提供了一个信息用于年与年之间的比较。正由于湖泊和水库对雨水的收集，这种年平均降水量就可以反映一个地区的干旱程度。学校的评分记录实际上就是对日常的考试成绩进行平均。比如，劳伦在一年级时的数学成绩分别为 86、97、94、89、95 和 91。那么她的数学平均分，就计算如下：

步骤 1 求这些分数的总和：

$$86 + 97 + 94 + 89 + 95 + 91 = 552$$

步骤 2 将所求总分除以考试的次数 6：

```
                    9 2  ◄─────────平均分
次数───────►  6 ⟌ 5 5 2  ◄─────────总分
                    5 4
                    ─────
                    1 2
                    1 2
                    ─────
                      0
```

一 起 来 想 想

问题

戴维保龄球的成绩分别为 125、135、150 和 134，求出他的平均分。

想一想

步骤 1　求出这些分数的总和：

$$125 + 135 + 150 + 134 = 544$$

步骤 2　将所求的总分除以总次数 4：

```
                  1 3 6  ◄─────────平均分
次数───────►  4 ⟌ 5 4 4  ◄─────────总分
                  4
                  ─────
                  1 4
                  1 2
                  ─────
                    2 4
                    2 4
                  ─────
                      0
```

答：戴维的保龄球平均分为 136。

练习题

1. 求出从 8 月 1 日至 7 日的一周内，每次参加手工课同学的平均人数。

出席表

8 月	学生数（人）
1 日	95
2 日	96
3 日	100
4 日	101
5 日	102
6 日	97
7 日	95

2. 根据一名体操运动员在各个项目中的得分，求平均分。

詹妮弗·林恩

体操项目	得 分
自由体操	9.8
双 杆	9.2
高低杠	9.9
鞍 马	9.7
平衡木	10

3. 根据马修一周所摄入食物的卡路里，计算他平均一天摄入多少卡路里。

马　修

日　　期	摄入卡路里
星期一	1 200
星期二	1 300
星期三	1 500
星期四	1 200
星期五	1 800
星期六	2 200
星期日	2 000

4. 斯特拉·凯蒂 3 个孩子的平均年龄是 22 岁。那么她的女儿卡罗尔几岁？

斯特拉孩子的年龄

孩　　子	年龄（岁）
吉　　姆	23
弗兰斯	24
卡罗尔	？
平均年龄	22

小实验　到底有多长

实验目的

如何确定花生的平均长度。

20 颗带壳的花生,一把尺子。

❶ 测量并记录每一颗花生的长度(结果选最靠近的那个厘米数值)。

❷ 将 20 颗花生的长度测量值加起来。

❸ 将这个结果除以花生的数目 20。

将所有花生的长度和除以花生的总数便得到花生的平均长度。花生的平均长度在 2.5~5 厘米。

在大约 500 克的一堆花生中,将在平均长度范围里的花生选出,大约有 250 颗。花生作为最具营养的蔬果之一,它的蛋白质含量甚至比相同量的猪肉要多。

练习题参考答案

1.

步骤 1 求出学生的总数：

$95 + 96 + 100 + 101 + 102 + 97 + 95 = 686$

步骤 2 将学生的总数除以上课的天数 7：

```
                    9 8  ←————————平均人数
天数———→  7 / 6 8 6  ←————————学生总数
                    6 3
                    ————
                      5 6
                      5 6
                    ————
                        0
```

答： 平均每天有 98 人上手工课。

2.

步骤 1 求出总分：

$9.8 + 9.2 + 9.9 + 9.7 + 10.0 = 48.6$

步骤 2 将总数除以项目数 5：

```
                    9.7 2  ←————————平均分
项目数———→  5 / 4 8.6 0  ←————————总分
                    4 5
                    ————
                      3 6
                      3 5
                    ————
                        1 0
                        1 0
                    ————
                          0
```

答: 这名体操运动员的各项平均分为 9.72。

3.

步骤 1 求出摄入食物的总卡路里值：

$1\,200 + 1\,300 + 1\,500 + 1\,200 + 1\,800 + 2\,200 + 2\,000 = 11\,200$

步骤 2 将总卡路里的值除以天数 7：

$$
\begin{array}{r}
1\,6\,0\,0 \quad \longleftarrow \text{——平均值} \\
7\,\overline{)1\,1\,2\,0\,0} \quad \longleftarrow \text{——总卡路里} \\
\underline{7} \quad\quad\quad \\
4\,2 \quad\quad \\
\underline{4\,2} \quad\quad \\
0 \quad\quad
\end{array}
$$

天数 指向 7

答: 马修平均一天摄入 1 600 卡路里。

4.

三个孩子年龄的总和：

$3 \times 22 = 66$

$23 + 24 + ? = 66$

$23 + 24 = 47$，因此：

$47 + ? = 66$

$66 - 47 = 19$

答: 卡罗尔是 19 岁。

乘法

你将知道

如何进行整数和小数的乘法运算。

预备小知识

在乘法运算中,由乘号连接起来相乘的数称为**因子**,而乘法运算得到的数称为**积**。小数乘法和整数乘法类似,只要把小数点放入结果中即可。注意结果中的小数位数等于乘式中所有小数位数的和。

例如

因子　因子　积

$2.2 \times 1.81 = 3.982$

1 位 + 2 位 = 3 位

当乘法要处理 3 个及以上因子时,只要先处理头两个数字,然后所得到的结果再乘以下一个因子。而后面的因子方法类同。

例如　　　　　$4 \times 3 \times 2 \times 5 =$

$$4 \times 3 = 12$$

$$12 \times 2 = 24$$

$$24 \times 5 = 120$$

或者

$$4 \times 3 \times 2 \times 5 = 120$$

当乘式的因子两个及其以上时,只要一次处理一个就行了。
例如

3.2	1 位小数
× 4.5	1 位小数
1.60	3.2×0.5 的积 = 1.60
+12.8	3.2×4 的积 = 12.80
14.40	2 位小数

一 起 来 想 想

问题

求乘法 $1.23 \times 0.81 \times 4$ 的积。

想一想

首先,求出前两个因子的积:

1.23	2 位小数
×0.81	2 位小数
123	1.23×1 的积
984	1.23×8 的积
9963	

再将求出的积 9 963 乘以 4：

$$
\begin{array}{r}
9963 \\
\times\qquad 4 \\
\hline
39852
\end{array}
$$

这三个因子共有几位小数？4 位。

答：积是 3.985 2。

练习题

1. 夏洛特绕学校的操场跑一周需要 1.45 分钟。求出她跑 1.5 圈所需要的时间（即求 1.45×1.5）。

2. 莱西吃了 2.5 个曲奇饼，每个曲奇饼都有 4.5 颗的葡萄干。求莱西总共吃了多少颗葡萄干（即求 2.5×4.5）。

3. 戴安想用树木的贴纸，贴满生物书的封面。为此她在横向上需要 2.25 块贴纸，纵向上需要 3.5 块贴纸。若将前后两个封面贴满，共要多少块贴纸（即求 2.25×3.5×2）?

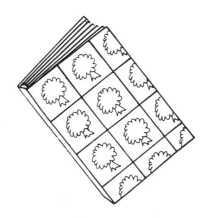

4. 你是否愿意接受下面这样一份工作：第一天你的工钱是 0.01 美元，往后每一天你拿到的工钱都是前一天的两倍，即对于第二天的工钱是 2×0.01 美元 $= 0.02$ 美元。求出往后 30 天，你每天收到的工钱是多少？

小实验　翻倍

实验目的

如何求出一张纸在对折一定次数后，将纸分出的份数。

你会用到

一张打印纸，一张报纸。

实验步骤

❶ 将打印纸对折，使纸分成 2 份。
❷ 再将纸对折，从而得到 4 份。
❸ 连续对折 6 次。
❹ 依据每次对折，分成的份数翻倍，求出纸被分的页数。

❺ 将折了 6 折的纸摊开，数数其中的份数，并核对你的计算结果。

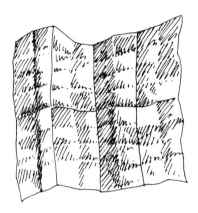

❻ 再将纸重新折起来，看看到底能折几折。

❼ 再换报纸，看看能折几折。

实验结果

6 折可以让纸分成 64 份。如果大于 6 折，由于纸太厚，往往是非常困难的。7 折可以使纸分成 128 份，而 8 折还要在这份数上翻一倍——256 份。

练习题参考答案

1.

```
    1.45  ←——2 位小数
  ×1.5    ←——1 位小数
    725
    145
  2.175   ←——3 位小数
```

答：2.175 分钟跑 1.5 圈。

$$
\begin{array}{r}
2.5 \quad \longleftarrow \text{1 位小数} \\
\times 4.5 \quad \longleftarrow \text{1 位小数} \\
\hline
125 \\
100 \quad \\
\hline
11.25 \quad \longleftarrow \text{2 位小数}
\end{array}
$$

答：11.25 个葡萄干（即 $11\frac{1}{4}$ 个葡萄干）。

$$
\begin{array}{r}
2.25 \quad \longleftarrow \text{2 位小数} \\
\times 3.5 \quad \longleftarrow \text{1 位小数} \\
\hline
1125 \\
675 \quad \\
\hline
7875 \\
\times \quad 2 \\
\hline
15.750 \quad \longleftarrow \text{3 位小数}
\end{array}
$$

答：15.750 张贴纸（即 $15\frac{3}{4}$ 张）。

日	工钱（美元）	日	工钱（美元）
1	0.01	5	0.16
2	0.02	6	0.32
3	0.04	7	0.64
4	0.08	8	1.28

日	工钱（美元）	日	工钱（美元）
9	2.56	20	5 242.88
10	5.12	21	10 485.76
11	10.24	22	20 971.52
12	20.48	23	41 943.04
13	40.96	24	83 886.08
14	81.92	25	167 772.16
15	163.84	26	335 544.32
16	327.68	27	671 088.64
17	655.36	28	1 342 177.28
18	1 310.72	29	2 684 354.56
19	2 621.44	30	5 368 709.12

注意：这里每天的工钱都是前一天的两倍。而从第一天开始的一段日子里所能拿到的工钱数量，等于最后一天的报酬乘以2，再减去第一天的工钱。比如：如果上了4天，可以拿多少钱？

第 4 天的工钱 = 0.08 美元

$$\begin{array}{r} \times \quad 2 \\ \hline 0.16 \text{ 美元} \end{array}$$

所得的积 − 0.01 美元 = 总收入

0.16 美元 − 0.01 美元 = 0.15 美元 = 4 天的总收入

将 4 天收入加起来，检查你的结果。

0.01 美元 + 0.02 美元 + 0.04 美元 + 0.08 美元 = 0.15 美元

30 天的总收入：

5 368 709.12 美元 × 2 = 10 737 418.24 美元

10 373 418.24 美元 − 0.01 = 10 737 418.23 美元

测量的应用

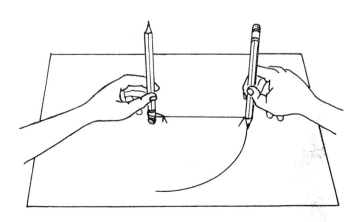

6 厘米

你将知道

如何用公制长度单位厘米（cm）测量物体的长度。

预备小知识

厘米尺所刻的数字反映测量对应的厘米数，而两个数字之间各个小格则代表 0.1 cm。

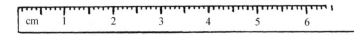

一起来想想

问题

量出铅笔的长度是多少 cm，请精确到 0.1 cm。

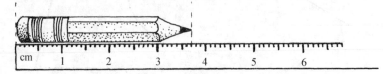

铅笔的长度是 3.7 cm。

练习题

1. 创可贴的长度是多少?

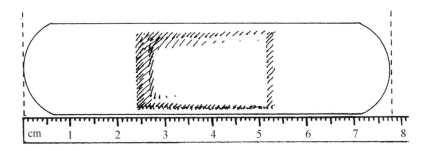

2. 回形针的长度是多少?

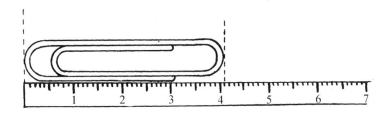

小实验 手掌的估量

如何通过手掌估量物体的长度和用尺子确定物体的长度。

你的手,一卷胶带,一把金属尺,一支铅笔,一张桌子(饭桌效果较好)。

① 把左手手掌张开。

② 将张开的手掌放在尺子上面,小拇指的指尖放在尺的一端,而大拇指沿尺子伸到最远的位置。

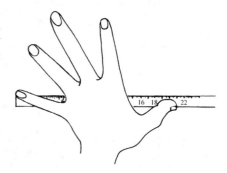

③ 记录下手掌伸开的长度,精确到厘米。

④ 沿着桌子长边贴上一条胶带。

⑤ 将张开手掌的小拇指放在所贴胶带的左侧。

⑥ 用铅笔在胶带上给大拇指所在位置做上记号。

⑦ 手掌向右移动,并将小指尖端放在铅笔画的标记处。

⑧ 像刚才一样标记你的大拇指的位置。

⑨ 继续沿桌边移动你的手掌,直到测完桌子的全长。

⑩ 如果最后一次测量所剩长度不足整个手掌的长度,但是长于你半个手掌的长度,则记作一次,否则忽略。

⑪ 若你张开手掌的长度视为一掌,数数做了多少个标记,记录下桌子长有几掌。

⑫ 将所测掌数乘以你手掌的厘米数,便得到桌子的长度大致有几厘米了。

桌子上标记的数目取决于桌子的长度以及你手掌张开的长度。如果你能记住你的手掌大概能伸多长，你就可以方便地估测长度。

实验揭秘

我们的度量系统最早来自人自身的"尺度"，例如手掌的长度。一英里等于古罗马士兵一千步所走的距离，而一码来自一个国王的鼻子到他大拇指的距离。由于国王并不是专职测量的，所以人们一般用自己的手臂去度量码的长度。

人们身长尺度的差异使得更标准的测量工具呼之欲出。1791 年，法国科学家创造了公制测量体系。他们以地球北极沿子午线到赤道的距离的一千万分之一为标准浇注了一根金属棒，这根金属棒的复制品被广泛地用于测量（公制）长度。随着科技进步，更精确的测量手段出现了。现在以光在 1/299 792 458 秒内走过的长度作为 1 米的标准定义。

练习题参考答案

1.

创可贴的长度是 7.8 cm。

2.

回形针的长度是 4.1 cm。

7 毫米

你将知道

如何用公制长度单位毫米(mm)测量物体长度。

预备小知识

厘米尺所刻的数字反映测量对应的厘米数,而两个数字之间的各个小格则代表 0.1 cm(即 1 毫米。1 厘米等于 10 毫米)。测得的厘米数乘以 10,便得到了所需的毫米数。毫米的单位符号为 mm。

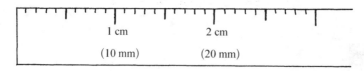

一起来想想

问题

丝带的宽度是多少 mm?

尺子上的数值乘以 10 就是毫米测量值。数字之间的每个小刻度代表 1 mm，丝带的边缘位于 2 这个刻度之后的两格。因此这个纸带的宽度是 22 mm。

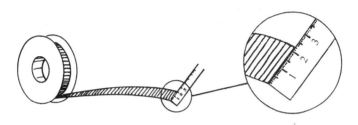

练习题

1. 图中的梳子长多少 mm?

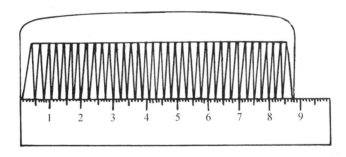

2. 这把牙刷的刷毛长度是多少 mm?

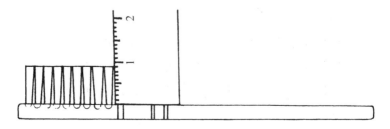

3. 下面的书有 100 页。每一页的厚度是多少 mm？

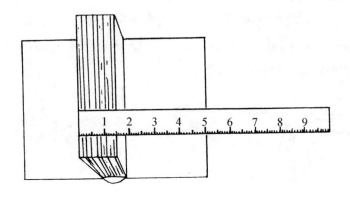

小实验　自制软尺

如何使用软尺测量毫米。

一张打印纸，一支记号笔，一把剪刀，一粒鸡蛋。

❶ 量取一段 30×280(毫米)的纸带。

❷ 用记号笔在纸带的一头标上 0。

❸ 将尺子靠在纸带上，尺子零点与纸带的 0 对齐，并用记号笔在纸带上标记出毫米的刻线。

❹ 这样一把软尺就做好了，拿它去量量鸡蛋一圈的长度吧。

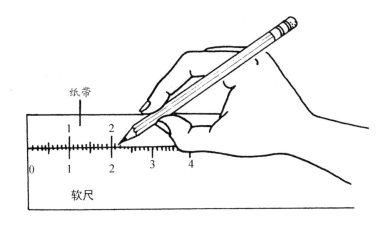

纸带

1　2

0　1　2　3　4

软尺

　　纸带易于弯曲缠绕物体，这使得软尺可以去测量外形弯曲的物体。不同的鸡蛋，围绕鸡蛋一圈的长度不尽相同。像笔者手头所测的鸡蛋一圈是 83 mm。那么试试拿这个软尺去测量不同大小的鸡蛋，看看它们的不同吧。

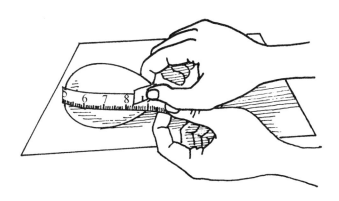

5　6　7　8

　　世界上最小的鸟蛋是牙买加的蜂鸟产的蛋。这种蛋的直径大概只有 9.9 mm(环绕一圈)。

练习题参考答案

1。

梳子长度 88 mm。

2。

这把牙刷的刷毛的长度是 9 mm。

3。

100 页纸的厚度是 15 mm。为了得到每张纸的厚度,将 15 mm 除以 100,得到一页纸的厚度是 0.15 mm。

```
        0. 1 5
100 / 1 5. 0 0
      1 0 0
        5 0 0
        5 0 0
            0
```

周长

你将知道

如何测量出多边形的周长。

预备小知识

周长是环绕物体外围一圈所需的距离，是其各边的长度之和。多边形由直边构成，其各邻边以一定的角度相接。

一起来想想

问题

测量下列对象的周长。

1. 一张长方形照片的周长，可以通过将其四条边的长度相加得到：

$$25 \text{ cm} + 30 \text{ cm} + 25 \text{ cm} + 30 \text{ cm} = 110 \text{ cm}$$

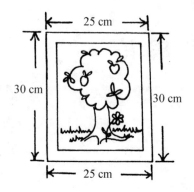

或者

求出长方形的半周长，然后再乘以 2 也可以得到：

第 1 步：25 cm + 30 cm = 55 cm

第 2 步：55 cm × 2 = 110 cm

2. 正方形桌面的周长可以通过将四条边长度相加得到：

$$1.37 \text{ m} + 1.37 \text{ m} + 1.37 \text{ m} + 1.37 \text{ m} = 5.48 \text{ m}$$

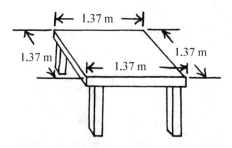

由于正方形的四条边拥有相同的长度，所以只需将一条边的测量结果乘以 4，便可得：

$$1.37 \text{ m} × 4 = 5.48 \text{ m}$$

3. 一个外形不规则的公园的周长可以通过将其所有边长加起来得到：

$$4.8 \text{ km} + 3.2 \text{ km} + 6.4 \text{ km} + 8.0 \text{ km} + 6.4 \text{ km}$$
$$= 28.8 \text{ km}$$

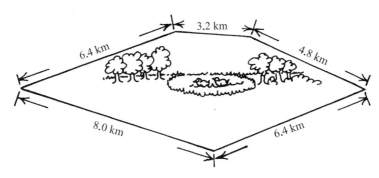

练习题

1. 一个长方形的规格是 254×150（cm）。那么它的周长是多少?

2. 求出下面这个不规则多边形的周长。

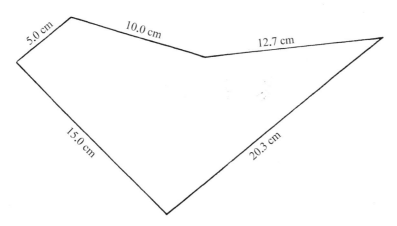

3. 将下页的正方形组成一个多边形,使其周长为

   a. 40 cm   b. 50 cm   c. 60 cm

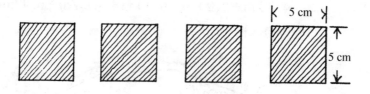

5 cm

5 cm

小实验　测量轮

实验目的

如何制作和使用测量轮。

你会用到

一把剪刀,一把尺子,一张卡片,一本书,一支铅笔,一只咖啡罐盖(圆形),一支记号笔。

实验步骤

请根据以下说明制作测量轮:

❶ 从卡片上剪下一个 1×3(cm)的纸片。

❷ 在剪下纸片短边的中间画一根短线,用来标识 $\frac{1}{2}$ cm 的位置。

❸ 用记号笔从盖子边缘向中心方向画一条 5 cm 的线。

❹ 用记号笔在刚画的线上写上"开始"两个字。

❺ 用此前做好的纸片在盖子的边缘标定出每个 $\frac{1}{2}$ cm 长度的位置。从"开始"线开始，用铅笔每隔 $\frac{1}{2}$ cm 做一个标记。

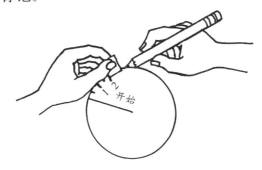

❻ 每隔两个标记一个厘米数。

❼ 将铅笔一半的长度穿过这个盖子的中心。

❽ 将"开始"线放在书的一条边上。

❾ 拿住铅笔，测量轮沿书的边缘绕书滚动一周，便测量出书的周长。

实验结果

　　书的周长由盖子滚过的圈数和最后没走完一圈的部分共同确定。

　　滚轮尺和你刚才做的测量轮是类似的,可以用来测量距离。房子的周长以及物体之间的距离都可以用它快速测量出来(滚轮尺转动一圈是 1 m)。

练习题参考答案

1. 长方形周长可通过将其四边加和求得:

$$254 \text{ cm} + 150 \text{ cm} + 254 \text{ cm} + 150 \text{ cm} = 808 \text{ cm}$$

或者求得长方形半圈的长度,再乘以 2:

第 1 步:$254 \text{ cm} + 150 \text{ cm} = 404 \text{ cm}$

第 2 步:$404 \text{ cm} \times 2 = 808 \text{ cm}$

答:长方形的周长是 808 cm。

2. 不规则多边形的周长可以通过把所有边的长度加起来得到:

$$5.0 \text{ cm} + 10.0 \text{ cm} + 12.7 \text{ cm} + 20.3 \text{ cm} + 15.0 \text{ cm} = 63.0 \text{ cm}$$

答:不规则多边形的周长是 63.0 cm。

3a. 把这 4 块小正方形拼成一个大的正方形。

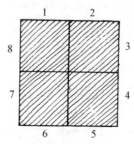

边数 × 每边的边长 = 周长

8 条边 × 5 cm = 40 cm

3b。 将这 4 块正方形排成一条线。

边数 × 每边的边长 = 周长

10 条边 × 5 cm = 50 cm

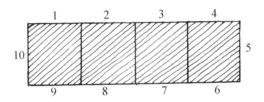

3c。 将这 4 块正方形排成十字形。

边数 × 每边的边长 = 周长

12 条边 × 5 cm = 60 cm

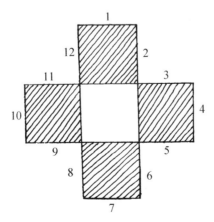

圆的直径

你将知道

如何测量圆的直径。

预备小知识

一个起点和终点都在圆上的直线段称为**弦**。而穿过圆心的弦称为**直径**。连接圆心和圆上的任何一个点的线段称为**半径**。它的长度等于直径的一半。

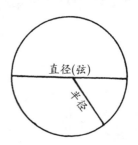

一起来想想

问题

根据下列图形,指出它们各自半径和直径的长度。

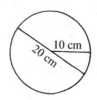

a.

直径 = 20 cm

半径 = 直径 × $\frac{1}{2}$

$\qquad$ = 20 cm × $\frac{1}{2}$

$\qquad$ = 10 cm

b.

半径 = 5 cm

直径 = 半径 × 2

$\qquad$ = 5 cm × 2

$\qquad$ = 10 cm

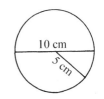

练习题

1. 根据下列图形,指出它们各自半径和直径的长度。

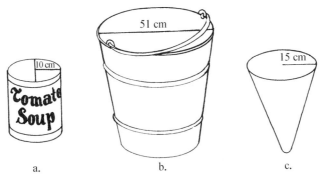

a.   b.   c.

2. 在下图中,3 条弦把圆的内部分成了 7 块。试用 5 条弦把圆分成 16 块。

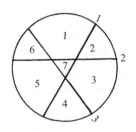

小实验　找圆心

如何寻找圆心。

你会用到

一张卡片，一张打印纸，一支铅笔，一只玻璃杯，一张纸尺子。

实验步骤

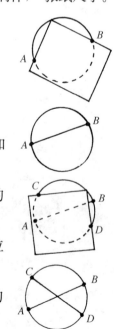

❶ 把玻璃杯口倒扣在纸上。

❷ 用铅笔在纸上沿杯口画一个圆。

❸ 把玻璃杯拿开。

❹ 把卡片的一个角放在圆上，卡片的边和圆交界的地方做上标记 A 和 B。

❺ 用尺子和笔画一条连接 A、B 两点的线段。

❻ 把卡片的一角放在圆上的另一个位置，标出另外两点 C、D。

❼ 用尺子和笔画一条连接 C、D 两点的线段。

这两条线的交点就是这个圆的中心。

不管你把卡片的角放在圆上什么位置，或是画了多少条线段，它们都交于圆心。

练习题参考答案

1a. 半径 = 10 cm

直径 = 半径 × 2

= 10 cm × 2

= 20 cm

1b. 直径 = 51 cm

半径 = 直径 × $\frac{1}{2}$

= 51 cm × $\frac{1}{2}$

= 25.5 cm

1c. 半径 = 15 cm

直径 = 半径 × 2

= 15 cm × 2

= 30 cm

2.

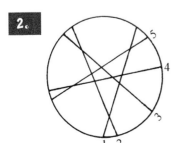
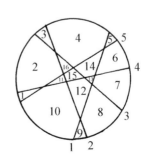

10 圆的周长

你将知道

如何使用圆的周长公式 $c = \pi \times d$。

预备小知识

圆周长公式 $c = \pi \times d$

读作：圆周长 ＝ π 乘以直径。

任何圆的**周长**除以直径的结果大约都是一个 3.14 的数。这个数值被称作 π。所有圆的这个值都相同，无论圆的大小。

注意： 你刚刚接触到数学"优雅"的一面。这就是"关系"，一经发现，放之四海而皆准。无论这个圆多大，用什么画的或是谁画的，π 一定是 3.14。

一 起 来 想 想

问题

根据圆周长计算公式,求出下面各圆的周长。

想一想

a.

直径 = 10 cm

π = 3.14

公式:$c = \pi \times d$

$\qquad = 3.14 \times 10$ cm

$\qquad = 31.4$ cm

b.

半径 = 7.5 cm

直径 = 7.5 cm $\times$ 2 = 15 cm

π = 3.14

公式:$c = \pi \times d$

$\qquad = 3.14 \times 15$ cm

$\qquad = 47.1$ cm

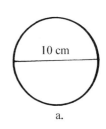

10 cm

a.

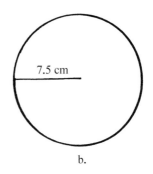

7.5 cm

b.

练 习 题

1. 求出下列各圆的周长。

a. 直径为 25 cm

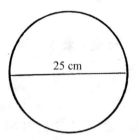

25 cm

b. 半径为 15 cm

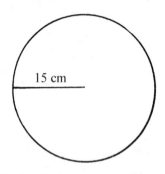

15 cm

2. 一个小孩转动一根长 200 cm 的绳索,在绳索另一端固定一个球。绳索转了一圈,球走过了多少路程?

3. 一张留声机碟的半径是 14 cm。转动 4 圈之后,碟边缘上的一点走了多少路程?

小实验　画圆

实验目的

如何画不同直径的圆。

你会用到

2 支铅笔,一把剪刀,一根细绳,一把尺子,一张纸。

❶ 剪一段长约 15 cm 的细绳。

❷ 把细绳的一端绑在一支铅笔上，另一端打一个环。

❸ 把这个环放在纸的中间。

❹ 用另一支铅笔有橡皮的一端把环紧紧压在纸上，并保持铅笔不动。

❺ 用系在绳子上的铅笔把绳拉紧，然后绕着中心转，这样在纸上就可画出一个圆。

❻ 改变细绳的长度重复做以上步骤。

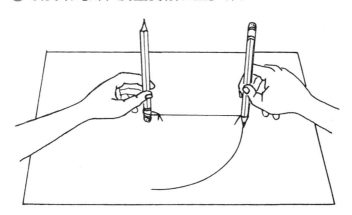

实验结果

铅笔画出了一个圆。细绳的长度就是圆的**半径**。当细绳长度即圆的半径增加时，圆的尺寸也在增大。

实验揭秘

地球赤道的周长等于 39 842.336 km（1 km = 1 000 m）。

过地球两极的圆(子午线)周长要比赤道少 72 km。

练习题参考答案

1a. 直径 = 25 cm

π = 3.14

周长公式：$c = π × d = 3.14 × 25$ cm $= 78.5$ cm

1b. 半径 = 15 cm

直径 = 2×15 cm = 30 cm

π = 3.14

周长公式：$c = π × d = 3.14 × 30$ cm $= 94.2$ cm

2. 绳索的长度等于圆的半径，球走过的路程等于圆的周长。

半径 = 200 cm

直径 = 2×200 cm = 400 cm

π = 3.14

周长公式：$c = π × d = 3.14 × 400$ cm $= 1\ 256$ cm

3. 唱片边缘上一点走过的路程等于其 4 倍的周长。

半径 = 14 cm

直径 = 2×14 cm = 28 cm

π = 3.14

周长公式：$c = π × d = 3.14 × 28$ cm $= 87.92$ cm

总路程 = $4 × c = 4 × 87.92$ cm $= 351.68$ cm

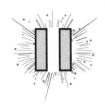

长方形与正方形的面积

你将知道

如何应用面积公式 $A = L \times W$，算出长方形和正方形的面积。

预备小知识

面积公式 $A = L \times W$

读作：面积＝长乘以宽。

下图中 a 边和 b 边都可以被定义成长和宽，其交换并不影响结果。

例 1

$$A = L \times W$$
$$= 10 \text{ cm} \times 5 \text{ cm}$$
$$= 50 \text{ cm}^2$$

10 cm

5 cm

b. 宽

a. 长

例 2

$A = L \times W$

$\quad = 10\ \text{cm} \times 5\ \text{cm}$

$\quad = 50\ \text{cm}^2$

当两个单位相乘的时候,例如 m×m,一个小的 2 放在单位的右上角,即 m²,这种单位读作"平方米"或"m 平方"。cm² 读作"平方厘米"或"cm 平方"。

一起来想想

如果在办公室中,一张办公桌是 1.7 m 长和 1.2 m 宽,那么办公桌的面积是多少?

$A = L \times W$

$\quad = 1.7\ \text{m} \times 1.2\ \text{m}$

$\quad = 2.04\ \text{m}^2$

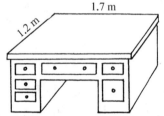

练习题

1. 公告板的面积是多少?

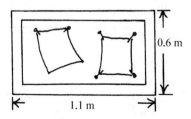

2. 美国科罗拉多州的轮廓近似于一长方形,算出它的面积。

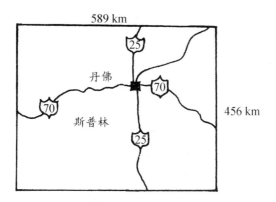

589 km

丹佛

70

斯普林

456 km

3. 1 升的漆可以刷 10.2 m² 的面积。那么 1 升的漆是否足够刷一面 4 m 宽,2.4 m 高的墙呢?

2.4 m

4 m

小实验　降落伞

面积如何对下落物体的速度造成影响。

一只垃圾袋，一把剪刀，一根细绳，一把尺子，2 枚形状重量一样的金属垫圈。

❶ 剪 8 段绳子，每段长约 60 cm。

❷ 从塑料袋上量取并剪下一个 25 cm 边长的薄膜。

❸ 在塑料薄膜的四角分别系上细绳（即做一个降落伞）。

❹ 确保四条细绳长度相等，然后把四条绳子的另一端系成一个结。

❺ 用一段大约 15 cm 长的绳子将垫圈和降落伞上四条细绳系成的结连起来。

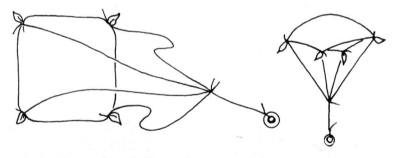

❻ 再做另一个降落伞，伞面改用边长 60 cm 的正方形。

❼ 和此前相同，在四条细绳系成的结上，用 15 cm 长的绳子系在垫圈上。

❽ 测试降落伞的时候，抓住降落伞的伞盖中部并摊平展开。

❾ 将伞盖对折。

❿ 再用伞下端细绳将叠好的伞盖轻轻绕上。

⓫ 把降落伞扔到空中，每次一个，观察它们的落地时间。

大的降落伞展开和落地的时间慢于小的降落伞。重物垫圈的重量是一样的、空气阻力一样,不会影响两伞的相对速度。

实验揭秘

物体下落过程中会受到空气阻力的影响,下落物体的表面积越大,其下所聚的空气也就越多。重力使得物体下落,但是聚集在下落物体下面的空气给下落物体向上的推力。降落伞利用聚集伞下的空气减缓了下落的速度。许多昆虫有着相对于其体重大得多的表面积,所以它们可以安然无恙地从高处降落。

练习题参考答案

1. 面积＝长×宽

$\quad\quad$＝1.1 m×0.6 m

$\quad\quad$＝0.66 m²

2. 面积＝长×宽

面积＝589 km×456 km

$\quad\quad$＝268 584 km²

3. 面积＝长×宽＝4 m×2.4 m＝9.6 m²

由于 1 升的漆可以覆盖 10.2 m² 的墙面,9.6 m² 小于 10.2 m²。

答:1升的漆足够了。

12 三角形的面积

你将知道

如何运用三角形面积公式 $A = \dfrac{1}{2} \times b \times h$，求得三角形面积。

预备小知识

三角形：一个由三条边相交于三点而围成的平面图形。
平面：任意平坦表面。**顶点**：两直线以一定角度相交形成的
点。**垂直**：两线成 $90°$ 相交。

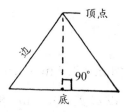

面积公式：$A = \dfrac{1}{2} \times b \times h$

读作：面积等于二分之一的底乘以高。

三角形的高是从一条边到对应顶点的垂线。

这条边叫做底边，在这条线与底边的交角上画一个小方块以标示它们成 90° 角。

一起来想想

求出以下三角形的面积。

想一想

高即图中和底边成 90° 角的那条线

面积公式：$A = \dfrac{1}{2} \times b \times h$

高 = 20 cm

底 = 10 cm

面积 = $\dfrac{1}{2} \times 10 \text{ cm} \times 20 \text{ cm}$

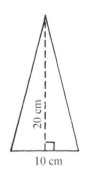

当把三个数乘到一起的时候，先将其中两个数乘起来，然后用所得到的结果乘以第三个数。

$$\dfrac{1}{2} \times 10 \text{ cm} = 5 \text{ cm}$$

因此：

$A = 5 \text{ cm} \times 20 \text{ cm} = 100 \text{ cm}^2$

问题：

求出以下三角形的面积。

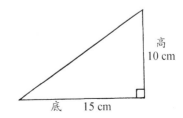

在该三角形中,高同时是三角形的一条边。

面积公式: $A = \dfrac{1}{2} \times b \times h$

$\qquad$ 高 = 10 cm

$\qquad$ 底 = 15 cm

面积 = $\dfrac{1}{2} \times 15\ \text{cm} \times 10\ \text{cm}$

$$\dfrac{1}{2} \times 15\ \text{cm} = 7.5\ \text{cm}$$

因此:

$$A = 7.5\ \text{cm} \times 10\ \text{cm} = 75\ \text{cm}^2$$

练习题

1. 求出这个帆船船帆的面积。

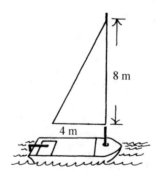

2. 求出这个标示的面积。这个标志高 38 cm,底是 25 cm。

小实验 不变的面积

三角形面积公式 $A = \dfrac{1}{2} \times b \times h$，是如何得来的。

一支铅笔，一支红蜡笔，一把尺子，一张打印纸，一把剪刀。

❶ 用铅笔画两个图形：一个为 10×15（cm）的长方形和一个边长为 10 厘米的正方形。

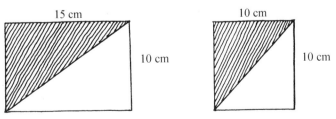

❷ 在两个图形上各画一条对角线。

❸ 将两个图形对角线的一侧涂上颜色，另一侧不涂。

❹ 用剪刀剪出 4 个三角形。

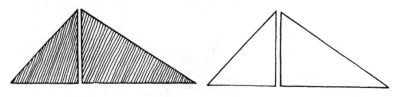

❺ 把 4 个三角形重新组合成两个独立的三角形：一个是
有颜色的，一个是没颜色的。

❻ 比较这两个三角形的面积。

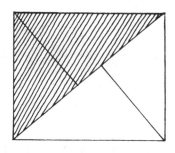

❼ 把这两个三角形拼成一个长方形。

❽ 重新组合这 4 个三角形，拼成不同的长方形。

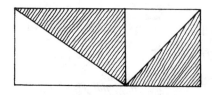 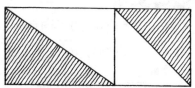

实验结果

这个长方形由两个三角形组成，并且两个三角形都拥有相同的面积。长方形面积可由公式 $A = 长（底）× 宽（高）$ 算得。由于三角形是长方形面积的一半，所以每个三角形的面积可以用长方形面积乘以 $\frac{1}{2}$ 计算。因此计算三角形面积的公式就是：$A = \frac{1}{2} × 底 × 高$。

你知道吗

当今最大的金字塔是位于墨西哥的羽蛇神金字塔。它高 54.5 m，占地约 18 万 m^2。

练习题参考答案

1. 面积公式：$A = \frac{1}{2} × b × h$

高 = 8 m

底 = 4 m

面积 = $\frac{1}{2} × 4$ m $× 8$ m

$\frac{1}{2} × 4$ m = 2 m

因此：

$A = 2$ m $× 8$ m $= 16$ m^2

2. 面积公式：$A = \frac{1}{2} × b × h$

高 = 38 cm

底 = 25 cm

面积 = $\frac{1}{2} \times 25$ cm $\times 38$ cm

$\frac{1}{2} \times 25$ cm = 12.5 cm

因此：

$A = 12.5$ cm $\times 38$ cm = 475 cm^2

13 圆的面积

你将知道

如何运用圆面积公式 $A = \pi r^2$ 计算圆的面积。

预备小知识

圆的面积公式 $A = \pi r^2$ 读作面积＝π 乘以半径乘以半径，或者是 π 乘以半径的平方。由于 π 是一个恒定的数值 3.14，这个公式可以写为：

$$面积 = 3.14 \times 半径 \times 半径 = 3.14 r^2。$$

一起来想想

问题

一个圆形地毯的半径是 2 米。求这个地毯的面积。

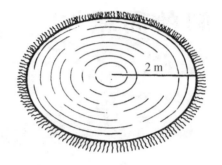

面积公式：$A = \pi \times r \times r$

半径$(r) = 2\,\text{m}$

$A = 3.14 \times 2\,\text{m} \times 2\,\text{m}$

$3.14 \times 2\,\text{m} = 6.28\,\text{m}$

进而：

$A = 6.28\,\text{m} \times 2\,\text{m} = 12.56\,\text{m}^2$

当把三个数乘到一起的时候，先将其中两个乘起来，然后用所得到的结果乘以第三个数。

问题

求出有 10 厘米直径的巧克力饼干面积。

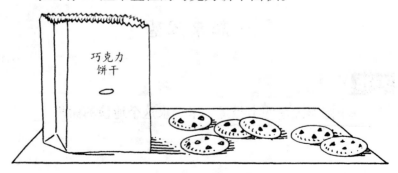

巧克力
饼干

面积公式：$A = \pi \times r \times r$

直径 = 10 cm

半径 = $\frac{1}{2}$ × 直径

      = $\frac{1}{2}$ × 10 cm = 5 cm

$\pi = 3.14$

$A = 3.14 \times 5$ cm × 5 cm

3.14×5 cm = 15.7 cm

进而：

    $A = 15.7$ cm × 5 cm = 78.5 cm^2

练习题

1. 求出罐头盖子的面积。

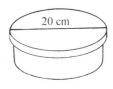

2. 时钟上秒针的长度是 15 cm，求出秒针走一圈扫过的面积。

3. 从边长为 30 厘米的材料中剪出一个最大的圆，将有多少材料被浪费掉？

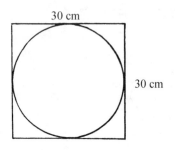

30 cm

30 cm

小实验 吹起吸纸

实验目的

半径如何影响圆的大小。

你会用到

3 个圆形的物体（直径大约为 5 cm、10 cm 和 15 cm），一只线轴，一把尺子，一支铅笔，一把剪刀，一张打印纸，一枚大头针。

实验步骤

❶ 用圆形物体在打印纸上画三个圆，直径大约是 5 厘米、10 厘米和 15 厘米。

❷ 用剪刀剪下纸上的这三个圆。

❸ 将一枚大头针固定在最小的圆的中心。

④ 将圆纸片放置在你的手掌上,大头针朝上。

⑤ 将覆盖在线轴孔上面的贴纸去掉,再将线轴套在竖起的针上。

⑥ 抓住线轴,然后从轴的上孔往里吹气。

⑦ 在源源不断的吹气过程中,将下方托纸的手移开。

⑧ 换大些的纸重复以上过程。

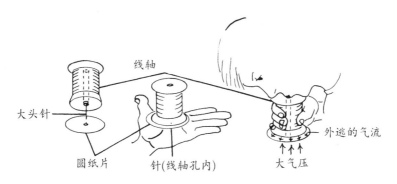

线轴

大头针

圆纸片

针(线轴孔内)

外逃的气流

大气压

最小的圆纸片不会落下来,而是待在线轴的底部。吹入的空气从纸与线轴底部的间隙流出,产生一个空气低压区。而纸下方的空气将纸托起,使其不至于下落。随着圆纸片的换大,空气无法继续承载它的重量。最大的圆纸片会因而下落。

你知道吗

人们曾经做出过最大的意大利式披萨饼直径达 3 051 cm (30.51 m),它被切成 94 248 块。

练习题参考答案

1. 面积公式：$= \pi \times r \times r$

直径 $= 20\text{ cm}$

半径 $= \dfrac{1}{2} \times$ 直径

$\qquad = \dfrac{1}{2} \times 20\text{ cm} = 10\text{ cm}$

$\pi = 3.14$

$A = 3.14 \times 10\text{ cm} \times 10\text{ cm}$

$3.14 \times 10\text{ cm} = 31.4\text{ cm}$

因此：

$A = 31.4\text{ cm} \times 10\text{ cm} = 314\text{ cm}^2$

答：罐头盖子的面积是 314 cm^2。

2. 面积公式：$A = \pi \times r \times r$

$\qquad$ 半径 $= 15\text{ cm}$

$\qquad A = 3.14 \times 15\text{ cm} \times 15\text{ cm}$

$3.14 \times 15\text{ cm} = 47.1\text{ cm}$

因此：

$A = 47.1\text{ cm} \times 15\text{ cm} = 706.5\text{ cm}^2$

答：秒针走一圈扫过的面积是 706.5 cm^2。

3. 求出 30 厘米的正方形材料的面积，再减去圆形的面积，便得到被浪费材料的面积。

面积公式：$A = \pi \times r \times r$

长 $= 30$ cm

宽 $= 30$ cm

$A = 30$ cm $\times 30$ cm

$= 900$ cm^2

面积公式：$A = \pi \times r \times r$

直径 $= 30$ cm

半径 $= \dfrac{1}{2} \times$ 直径

$= \dfrac{1}{2} \times 30$ cm $= 15$ cm

$\pi = 3.14$

$A = 3.14 \times 15$ cm $\times 15$ cm

3.14×15 cm $= 47.1$ cm

因此：

$A = 47.1$ cm $\times 15$ cm $= 706.5$ cm^2

正方形面积	$=$	900.0 cm^2
$-$ 圆形面积	$=$	-706.5 cm^2
浪费的面积	$=$	193.5 cm^2

答：将有 193.5 cm^2 的材料被浪费掉。

14 表面积

你将知道

如何计算不同外形物体的表面积。

预备小知识

物体表面积等于其所有外表面的面积之和。对于一个普通盒子,其总面积就是它的顶、底以及四个侧面的面积之和。这六个面均是长方形,因此各自的面积可以用下面公式表示:

$$面积 = 长 \times 宽$$

一起来想想

问题

求出下页的封闭盒子的表面积。

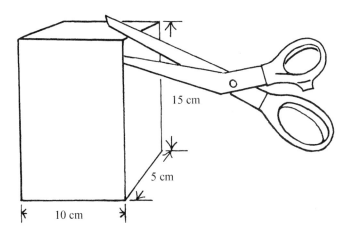

顶面面积	=	10 cm × 5 cm = 50 cm²
底面面积	=	10 cm × 5 cm = 50 cm²
左侧面面积	=	5 cm × 15 cm = 75 cm²
正面面积	=	15 cm × 10 cm = 150 cm²
右侧面面积	=	5 cm × 15 cm = 75 cm²
背面面积	=	15 cm × 10 cm = 150 cm²
表面积	=	262 cm²

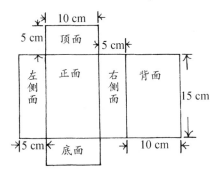

练习题

1. 求出麦片包装盒的表面积。

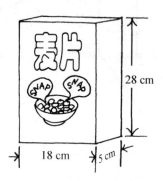

28 cm

18 cm   5 cm

2. 求出一个打开的玩具盒的表面积。

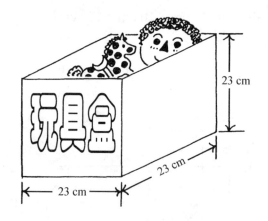

23 cm

23 cm

23 cm

小实验　彩虹项链

实验目的

了解表面积在形状改变的情况下而面积是如何保持不变的。

一张纸, 一支铅笔, 一把剪刀, 一盒蜡笔。

实验步骤

❶ 用铅笔在横格纸上画一个长方形, 宽 10 cm, 有 12 行。

❷ 用剪刀从纸上剪下这个长方形。

❸ 在这 12 行内, 每行用蜡笔涂一种不同的颜色。

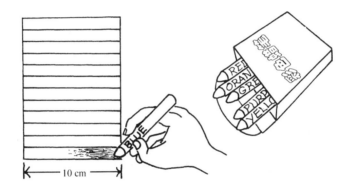

❹ 沿长边把长方形对折。

❺ 将 A、B 点之间的对折部分剪开, 剪到距离纸边缘1 cm 的位置。

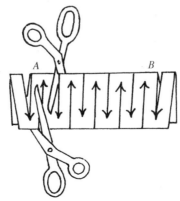

⑥ 注意所有剪开的口都要沿着印在纸上的线，并且保留离边缘 1 cm 处。剪口的位置依次从折边到开口，以此轮番交替。

⑦ 沿纸上印刷线剪开，剪开位置依次交替，确保每次都剪到边缘 1 cm 处。

⑧ 从 A 点开始，沿折叠边缘剪到 B 点（**注意**不要将纸剪成两半）。

⑨ 小心地把纸带拉开，再把这条做好的彩虹项链套在你的脖子上。

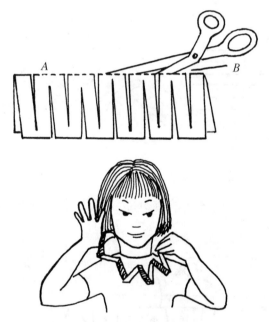

实验结果

　纸的形状从长方形变成了"之"字形项链，但是纸的表面积并没有改变。

人类肠道和我们腹部的容积是相互匹配的。如果我们把这蜿蜒的管道拉直,它将有 9 m 之长。

练习题参考答案

1。

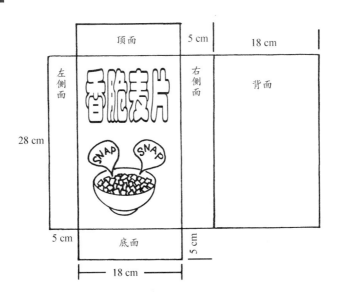

顶面面积	=	18 cm×5 cm = 90 cm²
底面面积	=	18 cm×5 cm = 90 cm²
左侧面面积	=	5 cm×28 cm = 140 cm²
正面面积	=	18 cm×28 cm = 504 cm²
右侧面面积	=	5 cm×28 cm = 140 cm²
背面面积	= +	18 cm×28 cm = 504 cm²
表面积	=	1 468 cm²

2. 这个玩具盒是开盖的,所以有 5 个正方形的面。由于 5 个正方形的面完全相同,所以这个总面积等于一个面的面积乘以 5。

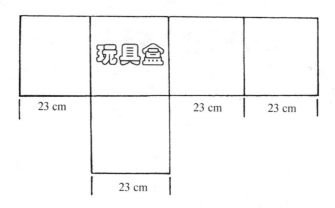

单块正方形面积 = 23 cm × 23 cm = 529 cm²

总面积 = 529 cm² × 5 = 2 645 cm²

正方体与长方体的体积

你将知道

如何运用下列正方体与长方体的公式求出它们的体积。

体积＝长×宽×高

公式简写为：

$$V = l \times w \times h$$

预备小知识

正方体和长方体有三个不同的维度：长、宽、高。改变立方体的位置并不会影响它们的体积，但我们可以改变长、宽、高的定义。当三个长度单位相乘（如 m×m×m），就将在单位的右上方加一个小的上标 3，如 m^3，读作"立方米"。

一起来想想

问题

求右侧盒子的体积。

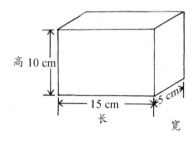

想一想

当把三个数乘到一起的时候，先将其中的两个乘起来，然后用所得到的结果乘以第三个数。

体积 = 长 × 宽 × 高

= 15 cm × 5 cm × 10 cm

15 cm × 5 cm = 75 cm^2

因此：

体积 = 75 cm^2 × 10 cm = 750 cm^3

改变物体的位置并不会改变相乘的 3 个维度的数值，相乘各数的顺序变化也不会对乘积产生影响。

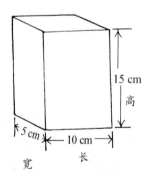

练习题

1. 下页这个房间的体积是多少?

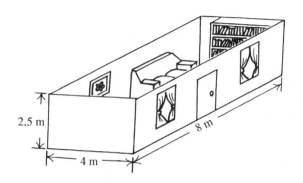

2.5 m

8 m

4 m

2. 求出野餐冰盒的体积。

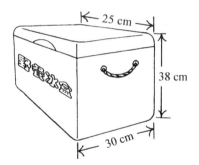

25 cm

38 cm

30 cm

3. 一个水罐可以装 $2\,000$ cm^3 的水。下面的鱼缸能用 25 个水罐的水灌满吗?

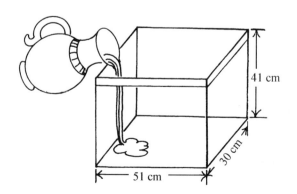

41 cm

30 cm

51 cm

小实验

一个边长 10 厘米的立方体盒子可以装多少水？

你会用到

一支铅笔，一瓶白色万能胶，一把尺子，一把剪刀，一张硬纸板，一只 1 升大小的汽水空罐，一只足够容纳这个立方体的碗。

实验步骤

❶ 如下图所示，在硬纸板上画出相应的图案。

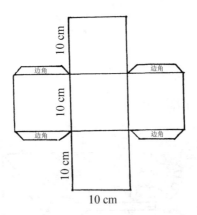

❷ 把所画图案剪下，折成一个边长为 10 cm 的立方体。

❸ 用万能胶把边角粘贴好。

❹ 在纸盒内部适当涂一层胶水，使纸盒防水。

❺ 等待胶水彻底晾干。

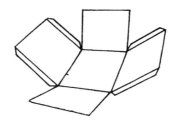

6 倒入 1 升的水。

7 把盒子放入碗中,防止有水渗出。

8 继续往盒中慢慢倒水,直到盒子装满水。

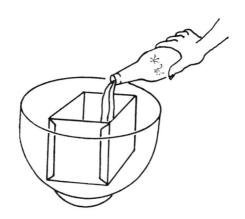

这个盒子装有 1 升水。而一个边长 10 厘米的立方体的体积是 1 000 立方厘米,这个体积也就是 1 升。

最大的爆米花盒有 7.7 m×7.7 m×1.86 m 的大小。该盒于 1988 年 12 月 15～17 日,由美国佛罗里达州奥兰多市约翰高中的学生完成。

练习题参考答案

1. 体积＝长×宽×高

$$= 4\,m \times 8\,m \times 2.5\,m$$

$$4\,m \times 8\,m = 32\,m^2$$

因此：

体积 $= 32\,m^2 \times 2.5\,m = 80\,m^3$

2. 体积＝长×宽×高

$$= 30\,cm \times 25\,cm \times 38\,cm$$

$$30\,cm \times 25\,cm = 750\,cm^2$$

因此：

体积 $= 750\,cm^2 \times 38\,cm = 28\,500\,cm^3$

3. 1 罐水的体积 $= 2\,000\,cm^3$

25 罐水的体积 $= 25 \times 2\,000\,cm^3$

$$= 50\,000\,cm^3$$

鱼缸体积 $= 51\,cm \times 30\,cm \times 41\,cm$

$$= 1\,530\,cm^2 \times 41\,cm$$

$$= 62\,730\,cm^3$$

答：由于 $50\,000\,cm^3$ 要小于鱼缸体积 $62\,730\,cm^3$ 。

所以 25 罐水无法加满鱼缸。

排水量

你将知道

如何通过排水量求得物体的体积。

预备小知识

当一个物体浸入盛有水的容器中，被这个物体推开的水的体积等于这个物体的**体积**。水被这个物体**排开**，推到一边，因此这个物体的体积可以通过排开的水的量来测出。

一起来想想

问题

一块石头浸在 50 升（50 L）的水中，水位升到 60 升（60 L）。那么这块石头的体积是多少？

$$水的体积 + 石头的体积 = \quad 60 升$$
$$-\underline{\quad 水的体积 \qquad\quad = -50 升}$$
$$石头的体积 \qquad\quad = \quad 10 升$$

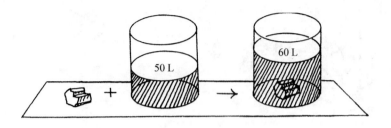

练习题

1. 鱼的体积是多少?

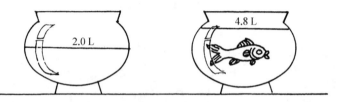

2. 玩具潜水员排开了多少水?

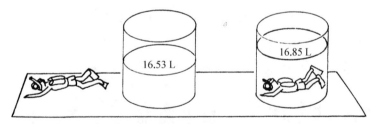

3. 每颗小球的排水量为 0.1 L,观察下图,求有多少颗小球在罐子里?

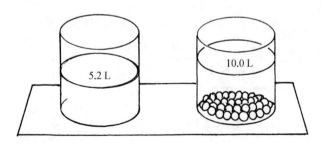

小实验　左右手的体积相同吗

实验目的

了解你两只手体积之间的差距。

你会用到

两根橡皮筋，一支记号笔，一只鱼缸，一名助手，一卷有色胶带。

实验步骤

❶ 在鱼缸一侧，从上到下粘上一条胶带。

❷ 鱼缸中注入四分之三的水。

❸ 用铅笔在胶带上给水面做一个记号，这个位置用字母 S 来标记。

❹ 在你双手同样的位置缠绕橡皮筋（注意，橡皮筋不要勒住血管，不要绑太紧，以免皮肤感到不适）。

❺ 把你的左手浸入水中，并使橡皮筋刚好接触到水面。

❻ 让你的助手在胶带上对这时的水面用字母 L 做一个标记。

❼ 再把你的右手浸入水中，橡皮筋刚好接触到水面。

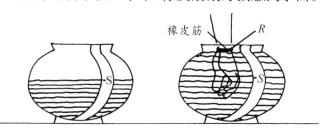

❽ 让你的助手在胶带上对这时的水面用字母 *R* 做一个标记。

实验结果

　　R 和 *L* 两条线非常接近,甚至重合在一起。当手浸入水中之后会排水,排水量等于手的体积。你的双手不会完全相同,但是本实验中的测量工具不会灵敏到发现如此微小的不同。手、石头、金块或是其他不规则物体的体积都可以用排水量测得。

实验揭秘

　　你的手所排开的水的重量和你手的重量基本相近。这是因为人体的重量和同体积的水基本相同。

练习题参考答案

1.

　　水的体积＋鱼的体积　＝　　4.8 L

　　－水的体积　　　　　　＝ －2.0 L

　　鱼的体积　　　　　　　＝　　2.8 L

2.

　　水的体积＋玩具潜水员的体积　＝　　16.85 L

　　－水的体积　　　　　　　　　　＝ －16.53 L

　　玩具潜水员的体积　　　　　　　＝　　0.32 L

3. 水的体积＋所有球的体积 ＝ 10.0 L

  －水的体积   ＝ － 5.2 L

  所有球的体积   ＝ 4.8 L

所有小球的体积除以每个小球的体积就是小球个数

罐子里小球数：4.8 L÷0.1 L＝48 颗球

液体容量

你将知道

如何测量和求出等效液体的容量。

预备小知识

单位	简写	等量关系
夸脱	qt	1 L = 1 qt
升	L	1 L = 1 000 ml
毫升	ml	1 L = 4 cups
杯	c	1 cup = 250 ml
汤匙	T	1 T = 15 ml
茶匙	tsp	1 tsp = 5 ml

一起来想想

问题

一罐子中盛有 2 升柠檬汁。那么,它可以灌满几个杯子

（250 毫升）？

　　已知：

　　2 升 = 2 000 ml

　　1 杯 = 250 ml

　　? 杯 = 2 000 ml

想一想

　　250 ml × ？ = 2 000 ml

　　250 ml × 8 = 2 000 ml

解答

　　可以灌满 8 个杯子。

练习题

1. 以毫升为单位重写金佰利的巧克力牛奶配方。

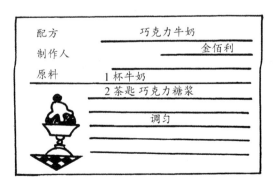

2. 詹妮弗用 500 毫升纯橙汁兑水制作 2 夸脱的橙汁饮料。试问，她兑了多少水？

3. 劳伦要用以下没有刻度的桶往鱼缸里面注 5 升的水。想一种办法可以使她注入所需要的水。

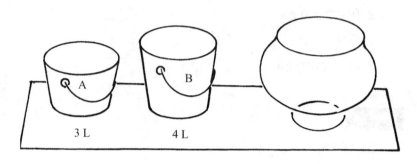

3 L   4 L

小实验　小胶球

实验目的

如何测量和应用等效容量。

溶　　液	等效溶液
硼酸溶液 　15 ml 硼砂 + 1 l 水 胶水溶液 　18 ml 胶水 + 18 ml 水	硼砂溶液 　1 T 硼砂 + 1 quart 水 胶水溶液 　4 fl oz 胶水 - 4 fl oz 水

你会用到

一些硼砂(硼酸钠,在药店或者超市的清洁用品柜台可以买到),4 液盎司(18 毫升)白色液体乳胶,一汤匙(15 毫升)蒸馏水,一只 2 升容量的碗,一量杯(250 毫升),一支记号笔,2 个密封袋,2 个干净空罐(2 升,其中,一个带有可封紧的盖子)。

❶ 做一罐 1 夸脱(升)的硼砂溶液。用记号笔在罐子上做上"硼砂"标记。把 1 汤匙(15 毫升)硼砂溶入水中,盖紧盖子并用力摇晃。

❷ 把 4 液盎司胶水挤入另一个标有"胶水"标签的罐子,然后向这个罐子中注入蒸馏水,或直接量取 4 液盎司(120 毫升)的胶水和 4 盎司(120 毫升)的水。再用干净的勺子搅拌至完全混合。

❸ 取 1 杯(250 毫升)硼砂溶液倒入空碗。

❹ 再慢慢地把胶水溶液注入硼砂碗中,边倒边搅拌。

❺ 用搅拌勺舀出凝结的胶块。

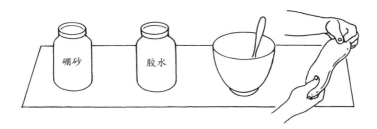

❻ 将其置于塑料袋上 2 分钟。

❼ 用手指将胶块拿起,并揉搓。

❽ 两手交替揉搓,直至胶块与手变干。

❾ 现在就可以尽情揉搓它了。

❿ 将胶块放入袋中封好。

⓫ 结束后将手洗干净。

白色小胶块很柔软,在用力拉它时,它可以轻易地被拉伸、拉断,并在重力的作用下变成软塌塌的一团。

如果往胶水混合液中滴入食用色素,你还能做出不同颜色的胶块。

练习题参考答案

1. 已知　1 杯 = 250 ml

　　　　1 茶匙 = 5 ml

　　　　1 杯牛奶 = 250 ml 牛奶

　　　　2 茶匙 = 2×5 ml = 10 ml 巧克力糖浆

2. 已知　1 qt = 1 升

　　　　1 升 = 1 000 ml

　　　　罐子的容积 − 果汁的体积 = 水的体积

　　　　2 000 ml − 500 ml = 1 500 ml

答: 兑了 1 500 ml 的水。

3. 已知:1. 往桶 B 倒入 4 升水。

　　　　2. 将桶 B 的水往桶 A 中倒 3 升。

　　　　3. 将桶 B 所剩的 1 升水倒到鱼缸中。

　　　　4. 将桶 B 装满,并用其向鱼缸注入 4 升水。从而得到盛有 5 升水的鱼缸。

 **质量**

你将知道

进一步掌握公制单位,选择合适的公制单位进行测量。

预备小知识

毫克(mg)、厘克(cg)、克(g)和千克(kg)都是公制质量计量单位。

$$1\,000 \text{ 毫克(mg)} = 1 \text{ 克(g)}$$
$$100 \text{ 厘克(cg)} = 1 \text{ 克(g)}$$
$$1\,000 \text{ 克(g)} = 1 \text{ 千克(kg)}$$

一起来想想

问题

选取你认为合适的物体,使天平平衡。

你必须首先大概估计一下三个物体的质量关系,哪个最大? 哪个中等? 哪个最小? 然后再在天平上衡量它们的质量。7 kg 是一个大的,中等的,还是最小的质量? 由于千克是本实验中三个物体中质量最大的单位,所以,找出有最大质量的一个物体,例如保龄球。

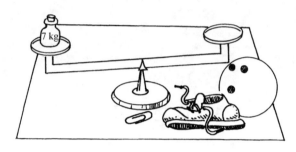

练习题

1. 下列哪个物体质量达 5 g?

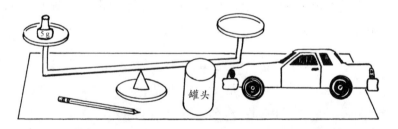

2. 下列哪个袋子可以与跷跷板另一头的小孩平衡?

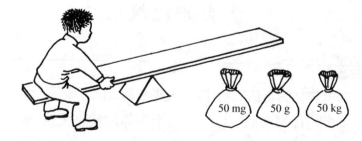

3. 需要多少盒回形针才能平衡 1 500 g 的花盆?

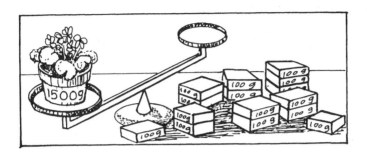

小实验　自制小天平

实验目的

如何制作和使用天平。

你会用到

一只衣架,一本较重的书,2 个纸杯,一把剪刀,一把尺子,一段细绳,一盒回形针,一支铅笔,一枚硬币。

实验步骤

❶ 取两段 30 cm 长的细绳。

❷ 用铅笔尖在纸杯上戳出两个孔,其位置在杯口附近且位置相对。

❸ 把刚剪出的 30 cm 长的细绳两端分别系在杯子的两个孔上。

❹ 把书放在桌子边缘。

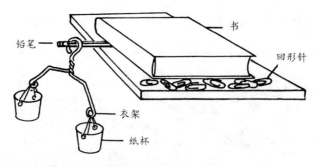

书

铅笔

回形针

衣架

纸杯

❺ 把铅笔的一端压在书下,使铅笔大部分悬在桌子外面。

❻ 把衣架挂在铅笔上。

❼ 把刚制作的纸杯挂在衣架钩子上。

❽ 适当掰一下衣架臂,使得两个纸杯在一个水平面上。

❾ 在左边的纸杯内放一枚硬币。

❿ 然后在右侧纸杯内放入回形针,一次一枚,直到两个纸杯重新平衡。

实验结果

两个纸杯和细绳有相同的质量,且它们已使得两边平衡。根据你投入的硬币质量的不同,所需的回形针的数量也不同。

你知道吗

人们估计腕龙的身高 12 m、体长 23 m、体重 45 000 kg。

练习题参考答案

1. 排序:最大质量＝玩具轿车

中等质量＝罐头

最小质量 = 铅笔

5 g 是一个很小的质量。回形针的质量大约在 1 g，为此所对应的物体相当于 5 枚回形针质量的是铅笔。

答：质量达 5 g 的是铅笔。

2. 排序：最大质量 = 50 kg

中等质量 = 50 g

最小质量 = 50 mg

50 mg 差不多是 5 只跳蚤的质量，而 50 g 约为 50 枚回形针的质量。小孩的质量需要 50 kg 的袋子才能平衡。

答：50 kg 的袋子可以与跷跷板另一头的小孩平衡。

3.

1 盒回形针的质量 = 100 g

花盆的质量 = 1 500 g

1 盒的质量 × 盒的数量 = 花盆的质量

100 g × ? = 1 500 g

100 g × 15 盒 = 1 500 g

答：需要 15 盒回形针才能平衡 1 500 g 的花盆。

重量

你将知道

重量单位吨、磅、盎司。

预备小知识

16 盎司(oz) = 1 磅(lb)

2 000 磅(lb) = 1 吨(T)

对应的日常物品：

小轿车 = 1 T

一条面包 = 1 lb

一片奶酪 = 1 oz

一起来想想

问题

指出下列物品中最接近 16 磅的是哪一个？

心里将这几个物品排个序：哪个最重、哪个中等、哪个最轻？再将它们与本节**预备小知识**中的对应物品进行比较。然后预估一下 16 磅的重量，差不多等于 16 条面包。所以最接近的选择应该是自行车。

练习题

1. 下列物体哪个约重 2 盎司？

面包　　果酱

2. 指出下列重 8 磅的物体。

麦片

3. 下面这只大象有多重？

    a. 2 吨   b. 2 盎司   c. 2 磅

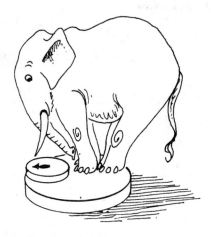

4. 三只小猫放在一个篮子里。如果这个篮子空重 4 磅，那么，每只小猫的重量是多少？假定它们的重量相同。

小实验　力的作用

力的作用效果。

一块小石头，一把剪刀，一根橡皮筋，一段细绳，一只碗。

实验步骤

❶ 往碗中注入 3/4 碗的水。

❷ 用细绳缠绕并系紧小石头。

❸ 把橡皮筋剪开，使其成为一条"橡皮带"。

❹ 把橡皮带的一端固定缠在石头的细绳上。

❺ 抓住橡皮带的另一端，把石头轻轻拉起，直到石头呈悬停状态。

❻ 观察这条橡皮带的长度。

❼ 把石头轻轻放入水中，直到石头被水完全浸没。

❽ 再次观察橡皮带的长度。

实验结果

石块在空气中时，橡皮筋的长度明显长于石头在水中的状态。一种称为重力的力将石块往地面方向拉。空气给物体施加向上的推力对石头拉橡皮筋的作用有一定的影响,但是,水施加的这种力的作用则要明显得多。

实验揭秘

重力是地心引力施加在物体上的结果。其他天体同样有引力,但是有不同的数值,下面的表格展示出一个人在太阳系不同星球上所受到的不同的重力。

地点	重力
地球	100 lb
月球	17 lb
太阳	27 900 lb

练习题参考答案

1. 排序:最重——犀牛

中等——果酱

最轻——一片面包

一片面包重 1 盎司,2 片面包重 2 盎司。

答: 2 片面包约重 2 盎司。

2. 排序:最重——婴孩

中等——麦片

最轻——回形针

由于这三个物体中,没有一个与小轿车是差不多重的,所以这里不需要使用吨这个单位。因此剩下磅和盎司可供选择。由于一条面包只有 1 磅,那么这三个物体中哪个物体可以抵上 8 条面包?

答:婴孩。

3。 排序:最重——2 吨

中等——2 磅

最轻——2 盎司

已知 2 盎司是两片奶酪的重量,而两条面包只重 2 磅。

答:大象重达 2 吨。

4。

篮子的重量 + 　3 只小猫的重量　＝　　10 lb

－篮子的重量　　　　　　＝ － 4 lb

3 只小猫的重量　　　　　＝　　6 lb

3 只小猫的重量 = 6 lb

3 只小猫 × ? 1bs = 6 lb

3 × 2 lb = 6 lb

答:每只小猫重 2 磅。

20 温度

你将知道

如何读出华氏和摄氏温度计的温度。

预备小知识

人们常用的温度计是摄氏温度计和华氏温度计。值得注意的是，华氏温度计每个数值之间有 5 格，每格代表 2℉。而摄氏温度计每个数值刻度之间有 10 格，每格代表 1℃，并

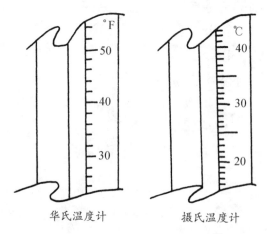

华氏温度计　　　　　摄氏温度计

且它的第五个小格刻线要比其他小格长一点，使得你更容易发现中点。

度的标记是一个上角的小圆圈。°F 读作华氏度，°C 读作摄氏度。

例如：30°C 读作 30 摄氏度；

40°F 读作 40 华氏度。

一起来想想

问题

读出下面两支温度计的示数。

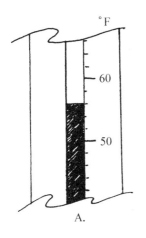 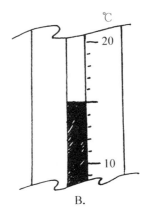

A.   B.

想一想

华氏温度：

A 温度计液面的高度在 50°F 上第三格。每格代表 2°F。

所以，A 温度计的读数是 56°F。

摄氏温度：

B 温度计液面高度在 10℃ 以上第五格。每格代表 1℃。所以，B 温度计的读数是 15℃。

练习题

1. 读出以下温度计的读数。

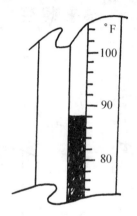

2. 读出以下温度计的读数。

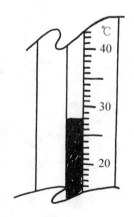

3. 哪支温度计的读数是 15℃？

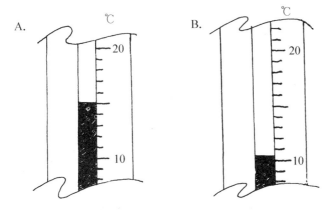

4. 哪支温度计的读数是 69℉?

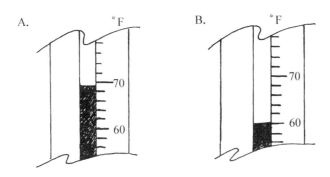

5. 根据下面的提示,读出温度计的温度。

a. 摄氏温度下,人体的正常体温是多少?

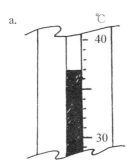

b. 华氏温度下,人体的正常体温是多少?

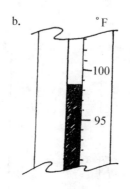

小实验　吸管温度计

实验目的

温度计是如何工作的。

你会用到

一些蓝色食用色素，一只足够大的可以装瓶子的碗，一根无色或者浅色吸管，2个冰块，一块核桃大小的橡皮泥，一只玻璃汽水瓶，一只量杯（250 ml）。

实验步骤

❶ 向量杯内注一半的水（125 ml）。

❷ 向水中滴入几滴食用色素，搅拌。持续滴入，直到水呈深蓝色。

❸ 将吸管的一端插入染过色的水中。

❹ 吸管插入水中之后，用食指堵住吸管的另一端。

❺ 按住吸管的上端，将其下端从水中取出，再插入空

瓶中。

❻ 另一只手拿橡皮泥把插入的瓶口封上,此时便可将按在吸管上端的手指松开了。

❼ 当你松开以后,吸管中的水位会上升。如果水从上端溢出,那么再重复上述步骤。如果水落到瓶子底部了,那么请换一根更细的吸管。总之,你需要保证水不会流出管子。

❽ 取半碗温水。

❾ 再拿一只碗,倒半碗凉水,并往里面放两块冰。

❿ 将带吸管的玻璃瓶放入温水碗中。

⓫ 当吸管中的水柱开始移动时,将瓶子从中取出。

⓬ 将瓶子放入冰水碗中。

⓭ 当吸管中的水柱开始移动时,再将瓶子从中取出。

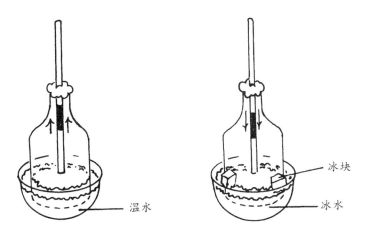

温水

冰块

冰水

实验结果

当瓶子置于温水中时,管内水柱向上移动;而置于冷水中时,管内水柱向下移动。瓶中的空气受热膨胀。膨胀的空气推动水柱向上移动。瓶中空气受冷收缩,吸管上方的空气推动水柱下行。温度计中的液体在一个闭合的空间中。当液体受热的时候,便会膨胀上升。而液体遇冷时,便会收缩,从而使液体下行。

你知道吗

人体的平均体温为 $98.6°F(37°C)$。如果体温超过 $109°F$ $(42.8°C)$ 或者低于 $95°F(35°C)$,人类就无法生存。即使是在炎热天气中的马拉松选手也知道要将体温控制在 $105.8°F(41°C)$。

练习题参考答案

1.

温度计液面的高度在 $80°F$ 上第四格。每格代表 $2°F$。所以,温度计的读数是 $88°F$。

2.

温度计液面高度在 $20°C$ 以上第八格。每格代表 $1°C$。所以,温度计的读数是 $28°C$。

3. 温度计 A 的读数为 $15°C$。

温度计 A 的液面高度在 $10°C$ 以上第五格。每格代表 $1°C$。所以 A 的温度计读数为 $15°C$。

温度计 B 的液面高度在 10℃ 和 11℃ 之间。所以读数为 10.5℃。

4。 温度计 A 的读数为 69℉。

温度计 A 的液面高度在 68℉ 和 70℉ 之间。所以读为 69℉。

温度计 B 的液面高度到距离第一条刻度还差一半。由于每格代表 2 度,所读的温度会比 61℉ 略低,或者是 60.9℉。

5a。 人体正常体温 = 37℃。

5b。 人体正常体温 = 98.6℉。

示意图

条形图

你将知道

如何理解条形图中所代表的信息。

预备小知识

条形图让数据间的比较更加简洁明了。在条形图中，它每一小格所代表的值都是相同的，并且都以 0 而非 1 为起始值。

一起来想想

问题

根据下列条形图回答问题 1～5。

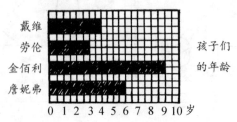

1. 谁的年龄更大一些,戴维还是詹妮弗?

2. 哪个孩子的年龄比戴维大?

3. 哪个孩子的年龄比詹妮弗小?

4. 几个孩子中谁的年龄最大?

5. 列出所有孩子的年龄。

想一想

1. 条形图中,横轴上每两格单位表示 1 岁。所以每一小格就代表 0.5 岁。

看看谁旁边的条柱要长一些,戴维还是詹妮弗?

答:詹妮弗。

2. 看看谁旁边的条柱要比戴维长?

答:金佰利和詹妮弗。

3. 看看谁旁边的条柱要比詹妮弗短?

答:戴维和劳伦。

4. 谁旁边的条柱最长?

答:金佰利。

5. 从每个孩子旁边条柱的右侧起开始算,到条柱顶部共占横坐标多少格。

答:戴维——4 岁;

　　劳伦——3 岁;

　　金佰利——9 岁;

　　詹妮弗——6 岁。

练习题

1. 根据以下条形图，回答下列速度相关的问题。

   a. 每一小格代表多少速度？

   b. 哪一种是最快的动物？

   c. 狮子和猫之间的速度相差多少？

   d. 有几种动物的速度要比人慢？

   e. 哪几种动物的速度相同？

   f. 多少种动物的速度要比猪快？

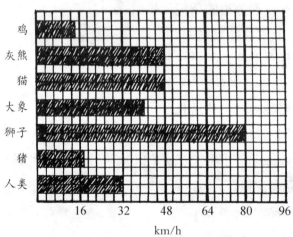

各种动物的平均速度

2. 根据如下的条形图回答问题。

   a. 每小格代表多少年？

   b. 哪种动物的寿命最短？

   c. 多少种动物的年龄要比斑马长？

d. 熊要比猪的寿命长多少年？

e. 哪些动物的寿命是兔子的两倍？

f. 哪种动物的寿命和狗一样长？

动物的平均寿命/年

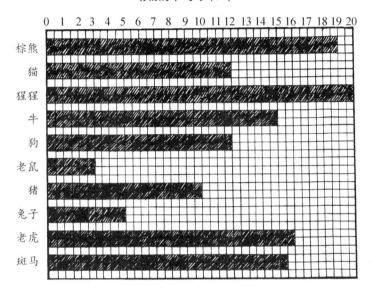

小实验　观察豆芽生长

如何用图描述豆子的成长过程。

你会用到

4颗斑豆，一把尺子，几张吸水纸，一本记录本，一卷胶带，一支铅笔，一个玻璃杯。

❶ 将吸水纸对折,在其贴杯壁的一面划线标记。

❷ 将吸水纸卷起来,塞入准备好的玻璃杯中,其中划线的一面紧靠玻璃杯。

❸ 将豆子稳稳地放在纸和杯壁之间。并且让豆子距离杯口约 2.5 cm 左右。

胶带   胶带

❹ 将杯中的吸水纸略微湿润,但不要湿透。

❺ 保持杯中吸水纸的湿润,直到豆子发芽。

❻ 当豆子长出第一片叶子时,用准备好的胶带在杯子外侧、叶子顶部的位置做上标记,以此作为记录整个生长过程的起始点。

❼ 一天(24 小时)之后,就可以测量记录叶子底端到胶带上沿的高度了。其后的日子需要每天记录。

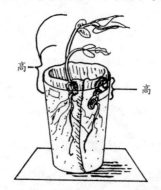

高   高

❽ 像这样连续记录 7 天。

❾ 用测量的结果画条形图。

豆子的生长

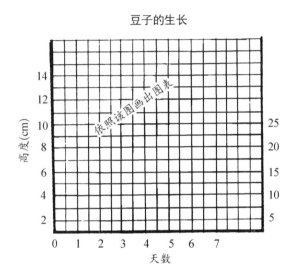

依照该图画出图表

实验结果

在观察豆子发芽后的 7 天时间里，植物生长得十分迅速。一夜之间，豆子就能长高许多，条形图为此提供了一种简洁的方式来刻画豆子的生长过程。

你知道吗

记载中最高的向日葵高达 7.5 m。

练习题参考答案

1a. 横坐标上面的数值意味着每小格为 3.2 km/h。

1b. 哪个动物的条柱是最长的?

答:狮子。

1c. 观察狮子和猫条柱的两个右端之间所差的格数。

$$\begin{array}{rl} \text{狮子的速度} = & 80 \text{ km/h} \\ -\underline{\text{猫的速度}} = & \underline{-48 \text{ km/h}} \\ \text{速度差} = & 32 \text{ km/h} \end{array}$$

答:狮子跑起来的速度要比猫快 32 km/h。

1d. 哪些条柱要比人类的短?

答:有 2 种动物的速度比人慢:鸡和猪。

1e. 哪些条柱是一样长的?

答:有 2 种:灰熊和猫。

1f. 哪些条柱要比猪的长?

答:有 5 种:熊、猫、大象、狮子和人类。

2a. 每个小格代表半年。

2b. 哪个条柱的右端离它的左端最近?

答:老鼠的寿命最短。

2c。 哪些条柱到它右端的距离要比斑马的长？

答：3条：熊、猩猩和老虎。

2d。 通过观察熊和猪条柱右端相差的格数，可以得到它们之间的寿命差值。由下式可以得到它们的差值。

$$熊的寿命 = 19 年$$
$$-猪的寿命 = -10 年$$
$$差值 = 9 年$$

答：熊要比猪多活9年。

2e。 观察兔子条柱所占的格数，可以得到兔子的寿命。

$$兔子的寿命 = 5 年$$

将兔子的寿命乘以2：

$$5 年 × 2 = 10 年$$

再在表格中寻找有10年长度的条柱。

答：猪

2f。 哪些条柱的右端和狗是平齐的？

答：仅有1条：猫。

22 折线图

你将知道

如何去认识折线图中所带有的信息。

预备小知识

在折线图中,信息是通过图中的每一个点而表示出来的。而点与点之间通过从左到右的直线相连,且不要求线从零开始画。

一起来想想

问题

詹妮弗在一周的时间中,每天进行数学测试,并将测试所得的成绩记在折线图上。依据下图回答问题 1～3。

1. 在哪一天,詹妮弗回答问题最为全面?

2. 哪一天,她知道的问题最少?

3. 哪一天晚上詹妮弗看电视,而没有准备数学考试?

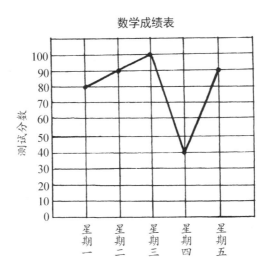

数学成绩表

1. 折线图上哪一天点的位置最高？

答：星期三。

2. 折线图上哪一天点的位置最低？

答：星期四。

3. 星期四时，她的得分最低。为此我们假设她星期三晚上看电视而没有准备复习考试。

答：星期三晚上。

练习题

1. 罗伯特用自己的零花钱买了糖果，并将一周内所吃的糖果数目记在折线图上。根据下图回答问题。

a. 哪一天罗伯特吃的糖果最多？

b. 哪几天他吃了三块以上的糖果?

c. 罗伯特没吃糖果的日子有几天?

d. 在这一周里,罗伯特吃了多少糖果?

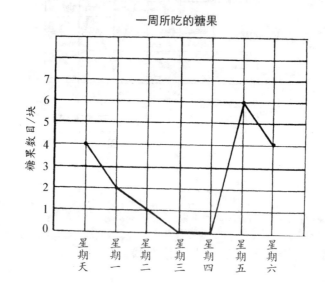

一周所吃的糖果

2. 罗素在运动前后测量自己的脉搏率(译注:每分钟脉搏跳动的次数),以此确定脉搏恢复的速率和脉搏恢复正常所需要的时间。下图记录了他的脉搏率。请依据该图回答问题。

a. 罗素的正常脉搏率是多少?

b. 他运动了多长时间?

c. 他最高的脉搏率是多少?

d. 他花了多长时间让脉搏率恢复正常?

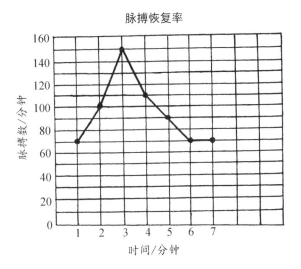

脉搏恢复率

小实验　跑得有多快

运用距离——时间折线图,对比同一物体不同时刻下不同的运动速度。

你会用到

一把直尺(中间带沟槽),6张活页纸,一本书,一粒玻璃球,一只计时器(带秒),一支铅笔,一名同伴。

实验步骤

❶ 将6张活页纸沿一长方向置于地板上。

❷ 将书置于这一列纸的一端。

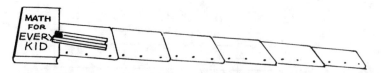

❸ 将尺子的一端置于书的边缘,而另一端放在已经铺好的活页纸上面。

❹ 再将玻璃球置于尺子的顶端。

❺ 放开玻璃球,任其沿尺子中间的沟槽滚下。

❻ 让你的同伴准备用铅笔在小球滚动的路径上做上标记。

❼ 当小球离开尺子、接触纸面时,计时便开始了。

❽ 在前 4 秒钟,每秒需要大声报时。

❾ 而你的同伴根据你的报时,需要在小球滚过的地方标上记号。

❿ 测量每个记号到尺子底端的距离。

数据表 1

时间(秒)	距离(厘米)	速度(厘米/秒)

数据表 2

时间(秒)	距离(厘米)	速度(厘米/秒)

⓫ 依据测量的数据画出折线图。用实线连接以英寸为单位的各点数据,而虚线连接以厘米为单位的各点数据。

⓬ 观察各段连线的倾斜程度。

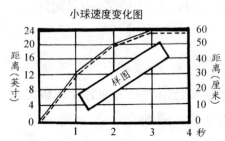

小球速度变化图

140

小球在第一秒中,移动的距离要大于其他的时间段。这是因为在第一秒钟,小球跑得比较快。小球的速度不断减小,直到最终停下来。而这不断减小的速度,也意味着相继的时间段中,所能移动距离的减小。从图上看,相邻点之间的高度意味着小球该段的速度。其间的连线越陡,意味着小球此刻的速度越大。最后的水平线距离不再发生变化,即速度为零。

实验揭秘

造成小球减速和停止的原因,正是由于它与纸面间的摩擦力。摩擦力会阻碍物体的运动。如果没有摩擦力,小球将不断地运动,直到它撞上另一个物体。这正如宇宙空间物体的运动。

练习题参考答案

1a. 折线中,哪一天的点最高?

答:星期五。

1b. 哪几天的点要比表示 3 的水平线高?

答:星期天,星期五,星期六。

1c. 哪几天的点在表示 0 的水平线上?

答：共 2 天：星期三和星期四。

1d. 他在一周的各天中分别吃了多少块糖？把它们加起来就得到一周总共吃掉的糖果。

答：4 + 2 + 1 + 6 + 4 = 17。

2a. 折线图中,起始和最终的脉搏率是多少?

答：每分钟 90 下。

2b. 脉搏率是什么时候开始提高的,又是什么时候停止提高的? 由图得知,它开始于 1 分钟,而停止于 3 分钟。在这两点间,共经历了多少分钟?

答：2 分钟。

2c. 折线图中最高的点是哪一个? 从这个向左平移,读出纵坐标所对应的数值。

答：每分钟 150 下。

2d.

心率什么时候开始发生变化,又是什么时候恢复正常——每分钟 70 下? 它是在 1 分钟的时候开始增长,在 6 分钟的时候恢复正常。期间共经历了多长的时间?

答：5 分钟。

象形图

你将知道

如何去理解和构建象形图。

预备小知识

象形图是一种带有特定符号的图表。这些符号都表示了一定数量的特定物品。比如在下面的问题中，1个书的符号就代表了已经读过了10本书。象形图相对其他图表更加有趣和易读。其中符号表示的数目可大可小。

一起来想想

问题

在下页的象形图中，记录了五人读书的数目。根据该图回答问题。

a. 谁读的书最少？

姓名	一年中所读的书
	每个 📖 代表10本书
瑞恩	📖📖📖
金佰利	📖📖📖📖📖
戴维	📖
詹妮弗	📖📖📖
劳伦	📖📖

b. 詹妮弗读了多少书？

c. 戴维需要再多读多少书才能和詹妮弗相当？

想一想

a. 书的符号最少的那一栏是谁的名字？

答：戴维。

b. 詹妮弗一栏有几个符号？ $2\frac{1}{2}$ 个符号。半个符号往往

表示 1 个符号（10 本书）数量的一半——5 本书。

$2\frac{1}{2}$ 个符号 $= 20 + 5 = 25$ 本书

答：25 本书。

c. 戴维一栏有几个符号？ 1 个符号意味着他读了 10

本书。

10 本书 + ？ = 25 本书（詹妮弗读书的数量）

答：15 本书。

练习题

1. 一群孩子摆了一个小摊卖柠檬水。每杯柠檬水售价10

美分。回答下列关于柠檬水的问题。

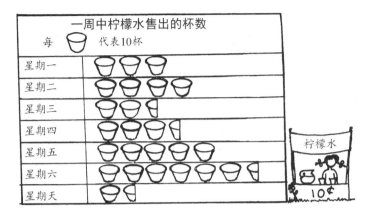

a. 哪一天卖出柠檬水最多?

b. 星期六没卖出去的柠檬水都被劳伦喝掉了。假设
   当天共准备了 70 杯柠檬水,那么她共喝了几杯?

c. 哪两天的销路最好?

d. 哪一天卖出去的柠檬水最少?

e. 一周中,柠檬水共卖出了多少钱?

2. 参加校园庆典活动的每个人都发到了一只气球。根据
下列象形图,回答问题。

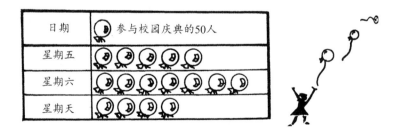

a. 哪一天发出了 250 只气球?

b. 在这三天中,共有多少人参加了庆典活动?

c. 星期六的当天准备了 400 只气球,够用了吗?

小实验　抛硬币

实验目的

如何用象形图收集记录数据。

你会用到

一只罐子(4 L)，一张纸，一只蛋托或高脚杯，一支铅笔，10枚硬币。

实验步骤

❶ 将蛋托放在罐子底部的中央。

❷ 将水注满罐子。

❸ 每次拿一枚硬币置于水面以上。

❹ 然后将硬币丢入水中，使其落入蛋托中。

❺ 丢入 10 枚硬币为一轮。

❻ 在纸上做一幅象形图，记录每轮落入蛋托中硬币的数量，并用圆表示。

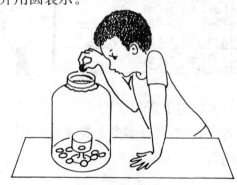

146

轮数	落入蛋托中的硬币数 ◯ 表示一枚硬币
1	
2	样图
3	
4	

　　硬币先在空气中笔直地下落,而当接触到水面后就发生了翻转。通过寻找,可以发现水面上的某些位置可以让更多的硬币落入蛋托中。

轮数	落入蛋托中的硬币数 ◯ 表示一枚硬币
1	
2	
3	
4	
5	
6	
7	
8	
9	
10	

和硬币类似，光在进入水面时，也会使其方向发生轻微的改变。这种轻微的改变称作光的折射——它会让人对水中物体发生错误的判断。

练习题参考答案

1a。 图表中，哪一天玻璃杯的数目最多？

答：星期六。

1b。 想一想准备柠檬水的杯数和卖掉杯数之间的差值。卖了多少杯？准备了多少杯？准备杯数（70 杯）－卖掉杯数（65 杯）＝5 杯

答：劳伦喝了 5 杯。

1c。 哪两天玻璃杯的符号最多？

答：星期五和星期六。

1d。 哪一天卖了最少？则这一天赚的钱也就最少。

答：星期天。

1e。 总共卖了多少杯？数一数图表中图标所代表的杯子数目，再乘上每一杯的价格（10 美分）。

26 个杯子图标×10＝260 杯

260 杯 × 10 美分 = 26 美元

答：26 美元。

2a. 人的数量即气球的数量

? 个气球的图标 × 50 = 250

? 天发的气球 = 5 个气球图标

即哪一天有 5 个气球图标，便是那一天发出了 250 只气球。

答：星期五。

2b. ? 个气球图标 × 50 = 总共参加的人数

16 × 50 = 800 人

答：共 800 人参加了庆典活动。

2d. 在星期六有多少人参加庆典？

7 个气球图标 × 50 = 350 人

350 人一共发到 350 只气球

400 只气球 - 350 只气球 = 50 只气球

答：气球够用了，还多出了 50 只气球。

饼图

你将知道

如何从饼图中获取信息。

预备小知识

饼图中的数据往往用来反映各量所占的百分比。一个量在饼图中所占区域越大,就表示它所占的百分比越多。如果是占整个圆,则表示这个量占 100%,即全部的量。如果把圆割去一半,使其二等分,则表示每部分占有 50%;四等分,则表示每份占有 25%。

百分比是对应于数字 100 进行比较的一个特殊的比例关系。百分号(%)带有百分之几的含义。比如 60% 可以读作百

分之六十, 即 $\dfrac{60}{100}$。百分数通过将百分号前面的数值除以

100, 可以转换成小数的形式。 比如 60%, 可以表示为

$\dfrac{60}{100}$, 或者 0.6。

一起来想想

问题

1. 统计 20 个小朋友最喜欢的零食。以调查出吃各种食物孩子的数量。

   a. 35% 的小朋友喜欢薯片。

   b. 60% 的小朋友喜欢糖果。

   c. 5% 的小朋友喜欢葡萄干。

想一想

a. $35\% = \dfrac{35}{100} = 0.35$

20 个小朋友的 $35\% = 0.35 \times 20 = 7$ 个小朋友

答: 7 个小朋友喜欢薯片。

b. $60\% = \dfrac{60}{100} = 0.6$

20 个小朋友的 $60\% = 0.6 \times 20 = 12$ 个小朋友

答: 12 个小朋友喜欢糖果。

c. $5\% = \dfrac{5}{100} = 0.05$

20 个小朋友的 5% = 0.05 × 20 = 1 个小朋友

答：1 个小朋友喜欢葡萄干。

注意：喜欢各种食品的小朋友加起来为 20 人，即参与零食调查的小朋友总数为 20 人。

问题

2. 下图为一只有 12 升空气的气球以及相关饼图。根据以下饼图回答问题。

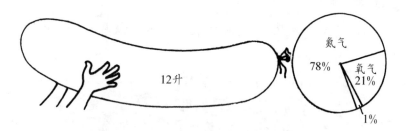

a. 饼图中所有百分数的和是多少？

b. 在气球中，氮气所占空气的百分比是多少？

c. 在 12 升气球中，氧气占了多少升？

想一想

a. 78% + 21% + 1% = 100%

答：100%，即一个饼图中所有成分百分数的和。

b. 找出标有饼图中标有氮气的那一块。

答：氮气占 78%。

c. 气球中的空气中 21% 是氧气，

21% × 12 升 = 0.21 × 12 升 = 2.52 升

答：气球中的氧气为 2.52 升。

练习题

1. 下图显示了一个班上 30 个学生中各种头发颜色的学生的百分比。根据该图确定该班有多少学生具有以下颜色的头发：

   a. 褐色

   b. 金色

   c. 黑色

   d. 红色

2. 戴维将他每日 60 分钟的功课时间做了一个安排（如下图），求出他在每门功课上所花的时间。

   a. 数学

   b. 艺术

   c. 历史

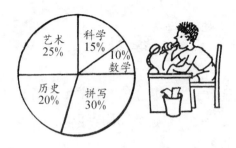

d. 科学

e. 拼写

3. 下图显示了瑞恩一天 24 小时从事各种活动的时间占用情况。

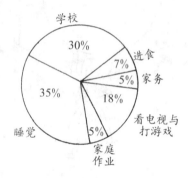

a. 瑞恩每周睡多少时间？

b. 如果他仅周一至周五学习，那么他一周花多少时间做家庭作业？

小实验 观察色彩的变化

实验目的

如何利用带色的饼图观察颜色的混合。

一张纸板，一把直尺，一些水彩颜料（红、蓝、黄），一支铅笔，一把笔刷，一瓶胶水，一枚大头针，一段细绳。

实验步骤

1 从硬纸板上剪下一个直径为 20 厘米的圆。

2 用铅笔在剪出的圆上划线，将其分为三等分，即每一部分为圆面积的 $33\frac{1}{3}\%$。

3 将圆上分出的各块分别涂上红、蓝、黄三色。

4 待上好的颜料干后，在圆中心用大头针打上相距 1 厘米的两个孔。

5 剪一段 60 厘米长的绳子。

6 将绳子从一个孔穿过，再从另一个孔穿回来。

7 将绳子的端头系好。

8 将圆纸盘移到绳子的中部。

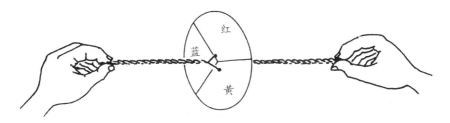

9 将绳子转起来，直到绳子卷起结来。

10 将绳子的两端向外拉，使得原先卷起结的绳子松开。然后将绳子稍微放松，使得圆盘带绳子向反方向卷起。

11 持续以上拉松的过程，使得圆盘反复旋转。

圆纸盘快速地反复旋转的过程中，可以发现圆纸盘上的三种颜色混合成了浅灰色。

实验揭秘

在一个画面闪过之后，你的大脑还能将其保留 $\frac{1}{16}$ 秒的时间，这使得你可以看到圆盘上的颜色混合。如果画在纸上的颜色改为纯蓝、纯红以及纯黄，那么当圆盘旋转时，看到的颜色将是白色，而不是原来所看到的浅灰色。

练习题参考答案

1a. 30 个小朋友的 40% = 头发为褐色的小朋友的人数

$40\% \times 30 = 0.40 \times 30 = 12$ 个小朋友

答：12 个小朋友的头发是褐色的。

1b. 30 个小朋友的 30% = 头发为金色的小朋友的人数

$30\% \times 30 = 0.30 \times 30 = 9$ 个小朋友

答：9 个小朋友的头发是金色的。

1c. 30 个小朋友的 20% = 头发为黑色的小朋友的人数

$20\% \times 30 = 0.20 \times 30 = 6$ 个小朋友

答：6 个小朋友的头发是黑色的。

1d. 30 个小朋友的 10% = 头发为红色的小朋友的人数

10% × 30 = 0.10 × 30 = 3 个小朋友

答：3 个小朋友的头发是红色的。

2a. 10% × 60 分钟 = 学习数学所花的时间

10% × 60 = 0.10 × 60 = 6 分钟

答：学习数学花了 6 分钟。

2b. 25% × 60 分钟 = 学习艺术所花的时间

25% × 60 = 0.24 × 60 = 15 分钟

答：学习艺术花了 15 分钟。

2c. 20% × 60 分钟 = 学习历史所花的时间

20% × 60 = 0.20 × 60 = 12 分钟

答：学习历史花了 12 分钟。

2d. 15% × 60 分钟 = 学习科学所花的时间

15% × 60 = 0.15 × 60 = 9 分钟

答：学习科学花了 9 分钟。

2e. 30% × 60 分钟 = 学习拼写所花的时间

30% × 60 = 0.30 × 60 = 18 分钟

答：学习拼写花了 18 分钟。

注意：a + b + c + d + e = 6 + 15 + 12 + 9 + 18 + = 60(分钟)

3a。 既然一周有 7 天的时间,那么需要将一天睡眠的时间乘以 7。

$35\% \times 24$ 小时 $= 0.35 \times 24$ 小时 $= 8.4$ 小时

8.4 小时 $\times 7 = 58.8$ 小时

答: 每周睡眠要花去 58.8 小时。

3b。 如果只是在周一到周五学习,那么他一周只学 5 天。

周一到周五每天做家庭作业

$5\% \times 24$ 小时 $= 0.05 \times 24$ 小时 $= 1.2$ 小时

1.2 小时 $\times 5 = 6$ 小时

答: 每周周一到周五做家庭作业时间共 6 小时。

 **图表的制作**

你将知道

如何利用数据表格构建图表。

预备小知识

图表上面的每一小格所代表的值都必须相等。而标记的纵坐标和横坐标表示所测量的量。图表上方的标题是对图表内容大致的介绍。

人们往往根据所收集数据的类型来确定图表的种类。当一个因素变动，另一个因素也随之改变（例如，每天对应甜饼的销售量）的时候，折线图就能很好地表达这其中的关系。条形图用来进行数据之间的比较。当要表达分数和百分数的时候，饼图是最佳的选择。而象形图可以用来作为计分卡，或者数量较大且无需太精确的数据。还需补充一点的是，专用的作图纸由于上面每一小格的大小相同，能让你的作图更加方便。

一起来想想

问题

根据下列表格中所提供关于甜饼的销售数据,作出曲线图。

下图中,图 A 和图 B 标注的数值是相同的,但是标注的位置却是不同的。折线图大多用于一个变量变化,另一个量伴随其变化的情况。在这里正是由于日期不同,与之对应的销售量不同。为此,将这个销售量放在纵坐标上(如图 A),可使得图表更易理解。

(译注:图 B 将星期/日期变化置于纵坐标。销售量变化置于横坐标,这种自变量坐标与因变量坐标对换的搞法并不会改变事件的实质,只是有些不合我们的习惯)

甜饼销售记录	
销售日	甜饼销售量
星期一	10
星期二	20
星期三	30
星期四	20
星期五	35

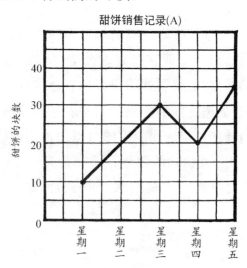

甜饼销售记录(A)

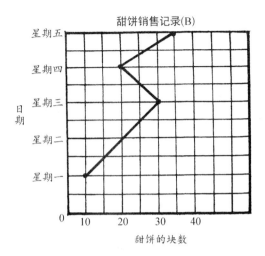

下图 C 和图 D 反映了同样的数据在不同的坐标尺度上会表达出不同的效果。图 D 加大了纵坐标对横坐标的比率，使得销售的变动看起来更加明显。

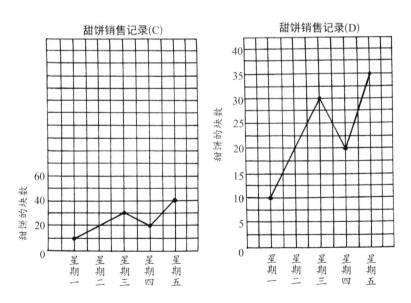

练习题

1. 根据下列数据作出折线图（以拨入电话的数目为纵坐标），同时把纵轴、水平轴和图示标好。

急救电话	
时间	电话接入数
6 点	65
8 点	70
10 点	80
12 点	90
14 点	95
16 点	95
18 点	90

2. 根据所给的各班级宠物种类和数量信息制作条形图。其中横坐标为各种宠物的数量，并且它们都以 0 起始。

班 级 宠 物	
种 类	数 量
白鼠	4
仓鼠	2
豚鼠	3
孔雀鱼	10
蛇	1

3. 根据各种彩珠的数量作出饼图。

彩　　珠	
色　　彩	数　　量
红色	8
蓝色	16
绿色	24
黄色	4
橙色	12

小实验　套瓶子

实验目的

如何利用图标给游戏比赛计分。

你会用到

一把尺子，一只汽水瓶，一把剪刀，一张纸，一支铅笔，一只胶圈，一段绳子，几个参与者。

实验步骤

❶ 剪一段 60 厘米长的绳子。

❷ 将绳子的一端绑在铅笔的一头，另一端绑在胶圈上。

❸ 将汽水瓶立在地板上。

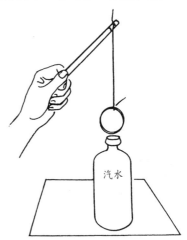

④ 握住铅笔的另一端,将胶圈移到瓶口的上方。

⑤ 降低高度,将圈套在瓶子上。

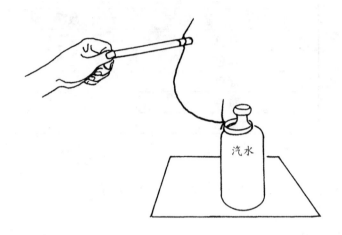

汽水

⑥ 尝试十次为一轮。

⑦ 用象形图制作一份记分卡。用瓶子或者其他符号表示
胶圈套住瓶子的次数。

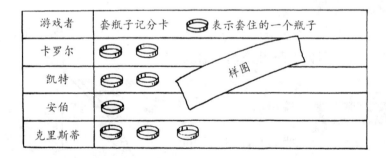

游戏者	套瓶子记分卡 ⬭ 表示套住的一个瓶子	
卡罗尔	⬭ ⬭	
凯特	⬭ ⬭	样图
安伯	⬭	
克里斯蒂	⬭ ⬭ ⬭	

实验结果

    使用象形图来统计比分,可以让人对游戏的胜负一目
了然。

利用一个×表示 10 分,这种方法常用在多米诺游戏中。而半个×,即一撇则意味着 5 分。如下所示:

10分	X
15分	X
50分	X

练习题参考答案

1. 虽然不存在哪个时间是没有电话接入的。但纵坐标依然从 0 个电话开始。这也使得各个时间更容易比较。

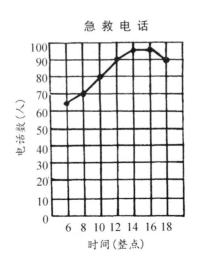

急救电话

2。

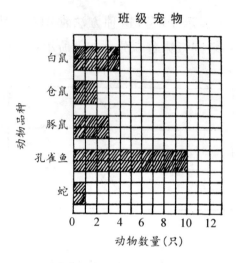

班 级 宠 物

3。 彩珠的总数是多少？

8 + 16 + 24 + 4 + 12 = 64

哪类珠子的数目最少？   4

4 × ? = 64

? = 64 ÷ 4 = 16

将一个圆等分为 16 份，这样每份就代表 4 颗珠子。

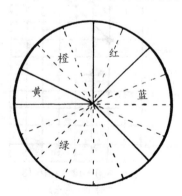

几 何

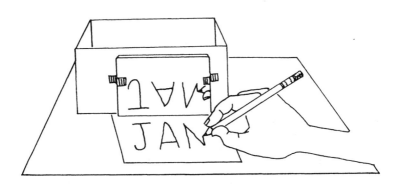

角度

你将知道

如何命名角度，并识别直角、锐角和钝角。

预备小知识

由一个端点发出的直线被称为**射线**。当两条射线共用同一端点的时候，它们就形成了一个**角**。这个公共点则被称作**顶点**。人们常常用三个字母来命名一个角，中间的字母代表该角的顶点。而命名方式有两种，且每种都是正确的。比如，一个角可以称为：角 *ABC* 或者角 *CBA*。其中，角这个词常常

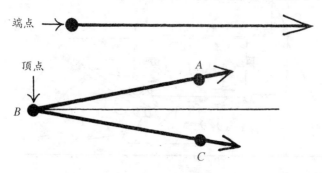

用符号∠来表示,从而称作∠ABC 或者∠CBA。

角的测量单位称为度。1 度也常写作 1°。

直角即测得为 90°的角,通常在其角的位置标上一个小方框。锐角则对应了那些测量小于 90°的角。而大于 90°的角,即为钝角。

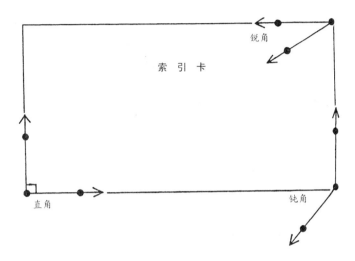

只要一张索引卡就可以鉴别这些不同的角了。将胸卡置于角上,使其中一边与角的一条边重合,并让其拐角与角的顶点重合。对于两条边都和索引卡的边重合的角,即为直角。一边重合,另一边在卡片里面的角,即为锐角。而另一边在卡片外的角,即为钝角。

一起来想想

问题

利用卡片判断下列各个角度是直角、锐角,还是钝角。

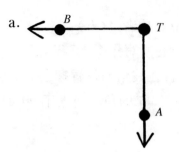

a.

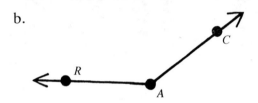

b.

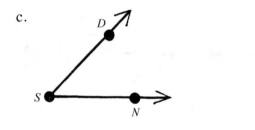

c.

解答

a. ∠BTA 或∠ATB 是直角。

b. ∠RAC 或∠CAR 是钝角。

c. ∠DSN 或∠NSD 是锐角。

练习题

1. 利用卡片判断以下角度属于直角、锐角,还是钝角。

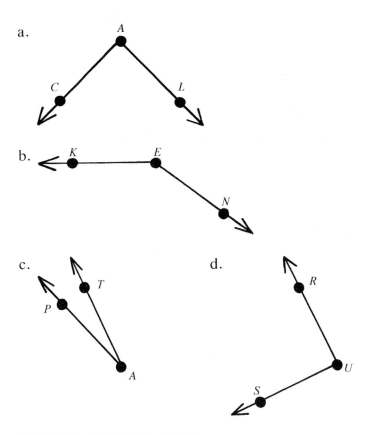

a.

b.

c.   d.

2. 根据下列要求画出相应的角。

   a. ∠KIM，直角   b. ∠RED，锐角   c. ∠MEG，钝角

3. 找出以下不规则图形中所带直角、锐角和钝角的数目。

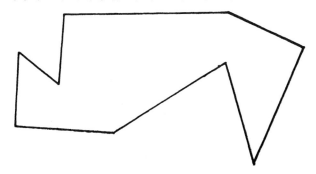

小实验

通过实验了解船首角度如何影响船的运动。

你会用到

一只烤盘，3 根牙签，一张硬纸片，一些洗洁精，一把直尺，一支铅笔，一把剪刀，两个小伙伴。

实验步骤

❶ 在硬纸片上画出 3 个高为 2.5 厘米的三角形。

❷ 第一个三角形的顶角是直角；第二个三角形为锐角三角形；第三个为钝角三角形。

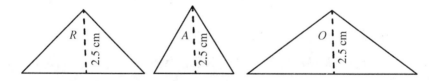

❸ 在顶角对应的底用剪刀剪出一个槽，让它们和所在的三角形具有相似的形状。

❹ 往烤盘里倒入水。

❺ 将刚才剪好的三角形小船放在烤盘一侧的水面上。

❻ 将 3 根牙签的一头涂上洗洁精，并把它们发给你的同伴，每人一根。

❼ 三人分别同时将黏了洗洁精的牙签碰一下 3 艘小船的

凹槽。

❽ 观察船的运动。

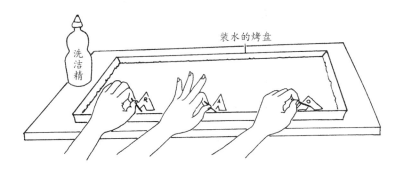

装水的烤盘

洗洁精

三艘小船都将掠过水面。其中剪成锐角的小船速度最快，而钝角的小船最慢。

船首的设计是为了让船在水中更轻易地穿梭。小轿车的设计则使得它穿过前行中的空气，而大卡车常常使用高大的弧形外罩也可让空气发生偏转。所有这些都是为了让空气和水流对轿车、卡车和船只造成的阻力更小，进而为交通工具的运行带来更少的油耗。这仅仅是节能环保的一小步。

练习题参考答案

1. a. 直角   b. 钝角

c. 锐角   d. 直角

2.

a.

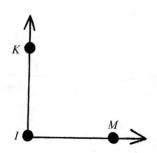

b.

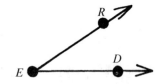

c.

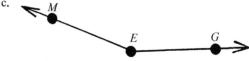

3.

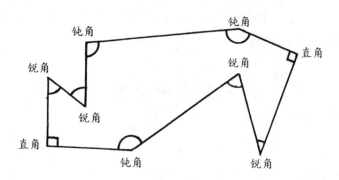

量角器

你将知道

如何使用量角器测量角度。

预备小知识

量角器是一个测量角度的装置。它的外形就像一个半圆。当用量角器测量角度时,将量角器的中心放在角的顶点上面,而它的边与角的一条边重合。在角的另一条边所对应的刻度上,有两个数值可供选择。其中的一个表示锐角的值(小于 $90°$),另一个则表示钝角的值(小于 $180°$,大于 $90°$),而

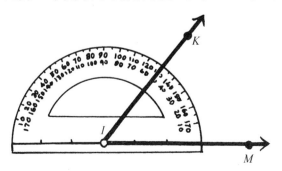

它们的和始终等于 180°。如下图所示，射线 *IK* 穿过的刻度带有两个数值 50° 和 130°。由于为锐角，∠*KIM* 为 50°。

当角的边太短，无法和刻度相交时，可以考虑用一页纸或者其他带有直边的东西做辅助测量。将纸的直边沿测量边放置，读出纸的直边与量角器刻度所交的度数。在下图中，纸的直边交在刻度 40° 和 140° 的位置。而这个角度为钝角，所以它的度数是 140°。

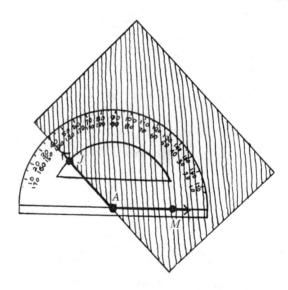

一起来想想

运用量角器测量图 A 和图 B 中的角度。

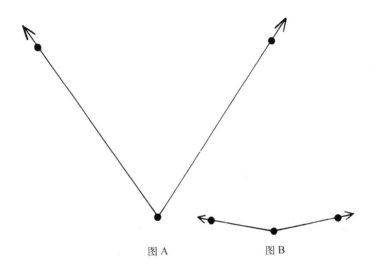

图 A   图 B

a. 想一想

该角为锐角(小于 90˚)。110˚和 70˚,哪个是锐角?

答:70˚是锐角。

b. 想一想

该角为钝角(大于 90˚)。160˚和 20˚,哪个是钝角?

答:160˚是钝角。

练习题

1. 运用量角器测量下列各角。

a.

b.

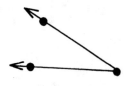

c.

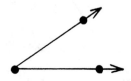

2. 人们采用钟面的时刻来定义自己的相对方向。如果正前方即长针所指的 12 点方位为正北方向，那么如下的时刻指的是哪些方位？

a. 2 点钟

b. 3 点钟

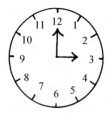

c. 7 点钟

小实验　太阳时钟

如何使用量角器来对钟面与太阳钟的角度进行比较。

你会用到

一张边长 20 厘米的正方形纸板，一只量角器，一支记号笔，一支铅笔，一块手表。

实验步骤

① 将量角器放在纸板上。

② 用记号笔沿量角器外围画半圆。

③ 再将 0˚、30˚、60˚、90˚、120˚、150˚、180˚的位置标上。

④ 将量角器翻下来，把下半圆补上。

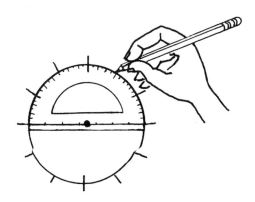

⑤ 再把下半圆角度 30˚、60˚、90˚、120˚、150˚的位置标上。

⑥ 在有标记的圆弧内标上从 1 到 12 的数字,使它看起来就像钟的表面。

⑦ 将纸板放在地上,并让画有钟的那面朝上,使得阳光可以直射到钟面。

⑧ 将铅笔穿过钟面的中心,插入下面的土中。保持铅笔的垂直。

⑨ 当你的表指向下午 1:00 的时候,旋转纸板(以铅笔为轴)使铅笔的影子落在数字 1 上面(表设好一小时以后再过来看,这样可以节省时间)。

⑩ 在下午 2:00、3:00、4:00 和 5:00 的时候,标上铅笔影子所在的位置。

⑪ 用量角器测量表面和盘面各个小时间的角度。

实验结果

钟面上相邻数字的间隔始终是 30°,但太阳钟上面相邻的两个小时投影却是不一样的。太阳在空中位置的变化,导致了铅笔投影所对应角度的变化。

太阳并不是像我们看到的那样,穿过天际。实际上,太阳是颗恒星,而地球绕着地轴由西向东做着自转。

练习题参考答案

1a. 该角为钝角(大于 90°)。那么这个钝角是 40°还是 140°?

答:140°。

1b. 该角为锐角(小于 90°)。那么这个锐角是 30°还是 150°?

答:30°。

1c. 该角为锐角。角度值为 35°和 145°。哪个是锐角呢?

答:35°。

2a. 该选哪个角度,60°还是 120°?

对应的角是锐角还是钝角? 应该是锐角。

这个角在 12:00 的左边还是右边? 右边。

答:偏右 60°。

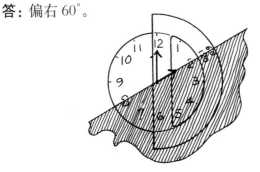

角度是多少？90°。

这个角在 12:00 的左边还是右边？右边。

答： 偏右 90°。

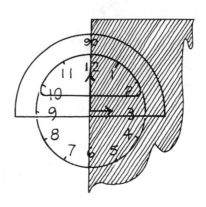

2c. 该选哪个角度，30°还是 150°？

该角是锐角还是钝角？钝角。这个角在 12:00 的左边还是右边？左边。

答： 偏左 150°。

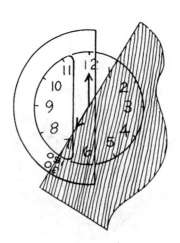

巧用量角器

你将知道

如何通过量角器判断远处物体的高度。

预备小知识

量角器也用于构建一种测量仪器中。这是一种测量远处

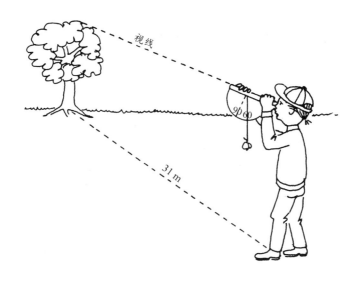

视线

31 m

物体高度的装置。当它开始测
量时，吊重物的线垂直向下，与
量角器上的 90°刻线重合。然
后将量角器一端缓缓抬起，而
线始终保持垂直向下。通过量
角器的仰角和高度表就可以得
出远处物体的高度。本书提供
的高度表是根据测量人员的平
均身高，并对 31 米以外的物体
进行测量所得到的高度。

高度表

仰角	高度（m）
1°	0.54
2°	1.08
3°	1.61
4°	2.15
5°	2.69
10°	5.43
15°	8.24
20°	11.20
25°	14.35
30°	17.76
35°	21.54
40°	25.82
45°	31
50°	36.67
55°	43.94
60°	53.29
65°	65.98
70°	84.54
75°	114.83
80°	174.50
85°	351.94

一起来想想

问题

通过等高仪和高度表确定树木的高度。

想一想

垂线开始时几度？ 90°

垂线最终所对的仰角几度？ 60°

这两个角度的差值是多少？ $90° - 60° = 30°$

30°对应的高度是多少？

答：17.76 m。

练习题

等高仪垂线初始位置都是 90°。通过等高仪的仰角和高度表确定下列问题的中远处(31 m)物体的高度。

1. 旗杆的高度是多少？

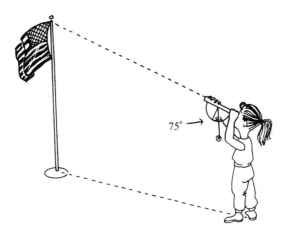

2. 火箭离地的高度有多高？

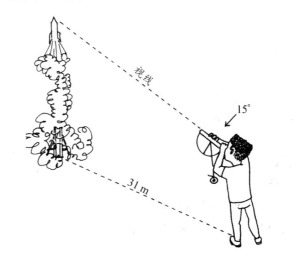

3. 一根钢丝离地 34.87 m。用等高仪计算出走钢丝男子的身高。

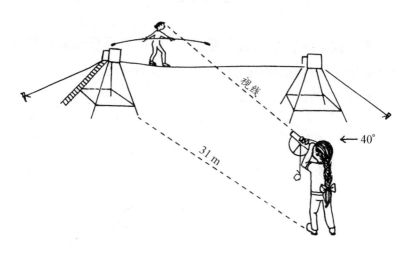

小实验　等高仪

如何应用等高仪测量物体的高度。

一根吸管，一只螺母，一把量角器，一卷胶带，一把测量尺，一段细线，一名助手。

❶ 剪一段 30 厘米长的线。

❷ 将线的两端分别绑在量角器的中心和螺母上，并使其

自由下垂。

❸ 将吸管用胶带黏在量角器的底边上。

❹ 站在离待测物体 31 米以外的位置。使用的场地用测量尺
量好。

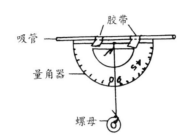

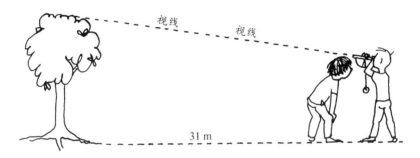

❺ 通过吸管观察物体顶端。请你的助手观测垂线的仰角。

❻ 查找高度表中仰角对应的高度。

实验结果

测量高度随着测得仰角的增加而增大。

实验揭秘

螺母在量角器旋转过程中，始终保持竖直向下，这正是地
球的引力作用。作用在螺母上的引力拉着螺母始终指向地心。

练习题参考答案

1.

垂线开始时是几度？90°

垂线最终所对的仰角几度？75°

这两个角度的差值是多少？90° − 75° = 15°

15°对应的高度是多少？

答：8.24 m 为旗杆的高度。

2.

垂线开始时几度？90°

垂线最终所对的仰角几度？15°

这两个角度的差值是多少？90° − 15° = 75°

75°对应的高度是多少？

答：114.83 m 是火箭离地的高度。

3.

垂线开始时几度？90°

垂线最终所对的仰角几度？40°

这两个角度的差值是多少？90° − 40° = 50°

50°对应的高度是多少？36.67 m

走钢丝男子的高度和钢丝高度的差是多少？

36.67 m − 34.87 m = 1.8 m

答：男子的身高为 1.8 m。

多边形

你将知道

如何识别各种多边形。

预备小知识

多边形是由多条直线构成的封闭图形。其中相邻的边相交形成角,而相交点称为**顶点**。

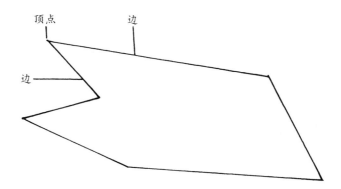

人们依据构成多边形边数的多少来对多边形进行命名。较小且常见的多边形可见下表:

名　　称	边　　数
三角形	3
四边形	4
五边形	5
六边形	6
七边形	7
八边形	7
九边形	9
十边形	10

一 起 来 想 想

问题

根据图形,回答下列问题。

a. 直边的数目

b. 是多边形吗?

c. 如果是多边形,那是哪种多边形?

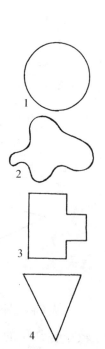

想一想

1. a. 没有直边

　　b. 不是多边形

2. a. 没有直边

　　b. 不是多边形

3. a. 8 条直边

　　b. 是,这是一个多边形

　　c. 八边形

4. a. 3 条直边

b. 是,这是一个多边形

c. 三角形

5. a. 4 条直边

b. 是,这是一个多边形

c. 四边形

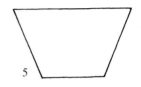

练习题

1. 对下列常见的多边形进行命名。

2. 根据下列图形,判断:

a. 直边的数目　b. 是否多边形　c. 多边形的名字

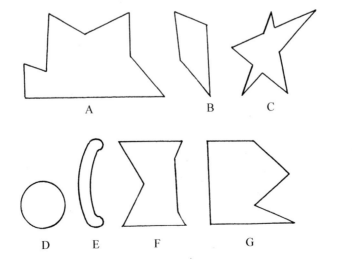

A　　　　　B　　C

D　　E　　F　　　G

3. 仔细观察所给外星生物的外形，找出哪些来自假想星球泽普的居民。

A 来自泽普的生物

a   b   c

B 非泽普生物

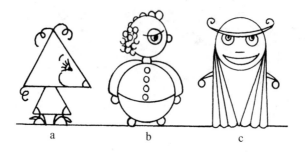

a   b   c

C 哪些生物来自泽普星球？

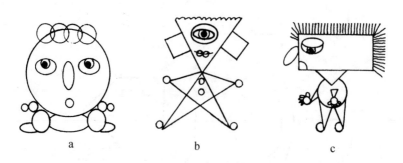

a   b   c

小实验

实验目的

如何让多边形改变形状。

你会用到

一张打印纸，一把剪刀，一支记号笔。

实验步骤

❶ 将打印纸沿其短边向长边对折。

❷ 用剪刀将纸剩下的部分减去。

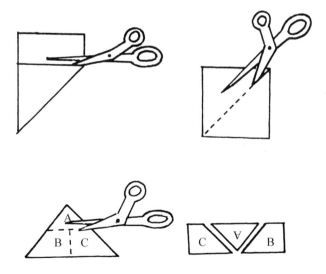

❸ 将纸打开，再沿其折线剪开。所得的两个完全一样的
三角形，选取其中一个以备后用。

❹ 用记号笔在三角形外围描上一遍。

❺ 根据示意图，从中心处剪下三角形 A。

❻ 再将剩下的四边形对半剪开，得到 B、C 两块。

❼ 将 A、B、C 拼成四边形。

❽ 再用这三块拼出其他多边形。

实验结果

将三角形剪开，可以拼成长方形，即四边形的一种。并且它们还能组成许多种多边形。

实验揭秘

三角形内所有角度的和为 180°。在本次小实验中，三角形三个顶角摆在一起时，拼成了一条直线为 180°。

练习题参考答案

1.

a. 六条边的螺母是一个六边形。

b. 足球上的小块是六边形。

c. 小旗是三角形。

2.

A. a. 8 条边

b. 是多边形

        c. 称为八边形
B. a. 4 条边
        b. 是多边形
        c. 称为四边形
C. a. 10 条边
        b. 是多边形
        c. 称为十边形
D. 不是多边形
E. 不是多边形
F. a. 7 条边
        b.是多边形
        c.七边形
G. a. 6 条边
        b. 是多边形
        c. 六边形

3. 泽普来的生物都有一对方形的耳朵,所以下面的生物是唯一来自泽普的。

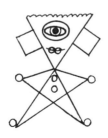

30 对称

你将知道

如何在一个图形中找到它的对称轴。

预备小知识

对称图形可以沿着图上的某条线对折,而使得线的两侧完全重合。而这条线称为**对称轴**,它将一个图形分成了互为镜像的两部分。如果把镜子放在对称轴的位置,整个对称图形的样子就一目了然了。

有些图可能带有不止一条的对称轴,例如所示的星形图就带有两条。而蝴蝶的图形则只有一条对称轴。

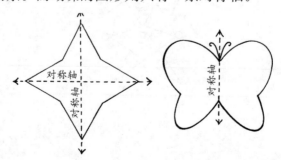

一 起 来 想 想

判断下列图形的虚线是否对称轴。

a.

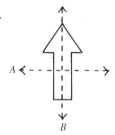

b.

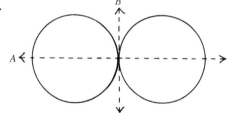

a. 沿哪条线对折可以使线两侧的图形完全重合？

答：直线 B。

b. 沿哪条线对折可以使线两侧的图形完全重合？

答：直线 A 和直线 B。

练习题

1. 判断下列图形的虚线是否是它的对称轴。

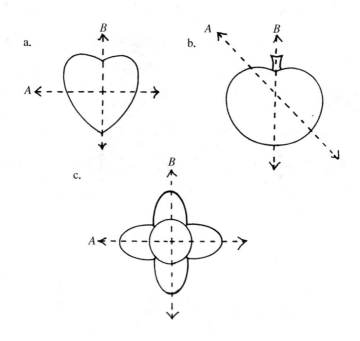

2. 以下的八边形共有多少条对称轴?

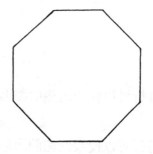

3. 取 4 张纸,并把每张对折起来。在每张纸上画一个形状,然后剪下来。使得剪下来的部分打开的时候,得到大写字母：A、C、E、H。

小实验　剪纸

实验目的

如何在纸上剪出对称的图形。

你会用到

一张打印纸，一把剪刀，一支铅笔，一支有色记号笔。

实验步骤

1. 在纸的一端，向内折约 2.5 cm。
2. 将纸翻过来，再向内折。
3. 不断重复上述过程，直到整张纸折完，看上去就像一把折扇。
4. 将折好的纸压紧、压平。
5. 用铅笔在折好的纸上画出半个小人的形状。而示意图中，折纸的左侧便是图形的对称轴。
6. 小人的手臂务必要画到折纸的边界处。
7. 用剪刀沿着线将图形剪下来。务必小心别把对折的部分剪断了。
8. 将折纸打开。
9. 用有色笔将小人的衣服和脸画上。

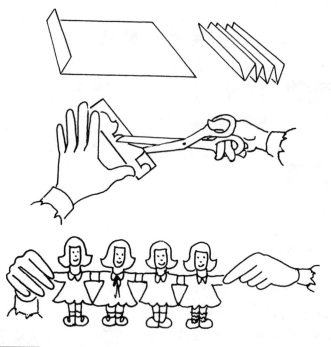

实验结果

　　只需要剪对称轴一侧的半个小人便可以得到整个小人。同时，手臂端也位于对称折线的两侧，看上去就是一群一模一样的孩子手拉手站成一排。

你知道吗

　　将一面镜子放在你脸的中线上，这样看起来还是整张脸，但是观察者可能还会感到诧异那样一个全新的你，因为真实的脸不会完全对称的。

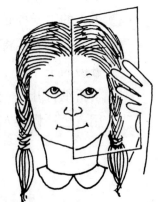

练习题参考答案

1a. 沿哪条线对折可以使线两侧的图形完全重合?

答: 直线 B 是对称轴。

1b. 沿哪条线对折可以使线两侧的图形完全重合?

答: 直线 B 是对称轴。

1c. 沿哪条线对折可以使线两侧的图形完全重合?

答: 直线 A 和 B 都是对称轴。

2. 八边形有八条对称轴。

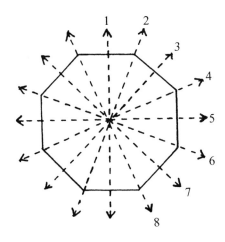

3。 以下对应所需剪出的各个字母。

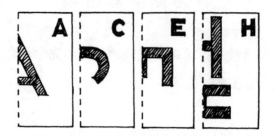

反射成像

你将知道

如何判断镜像。

预备小知识

一根对称轴将所在图形分成两半。如果沿着这根线,将这个图形对折,则这两半完全重合。镜面如同对称轴一样,位于实物和镜像之间。如果能将它们的图像沿镜面对折,就会发现实物和它的反射镜像完全重合。

一起来想想

问题

1. 判断图 A 和 B 中的物体构成镜像关系吗?

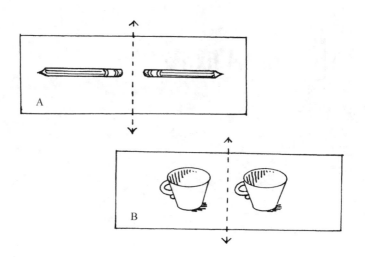

想一想

当图沿虚线对折时,左右两半是否会重合?

答: 这组铅笔构成一组镜像,而杯子则不是。

练习题

1. 下列图 A 到图 C 是镜像对称吗?

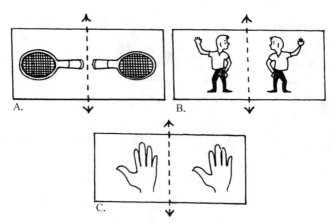

2. 若将一镜面放于图中对应位置，选出所对应的正确镜像。

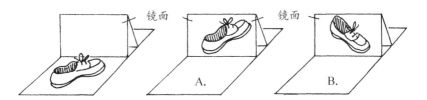

3. 若一镜面置于虚线位置，那么你将看到什么图？

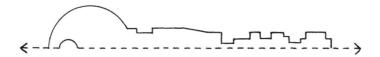

小实验　镜像

实验目的

如何判断镜像的方向。

你会用到

一只鞋盒，2 张纸，一卷胶带，一支铅笔，一面平面镜。

实验步骤

❶ 用胶带将镜子牢牢地粘在鞋盒外侧。

❷ 将一张纸置于鞋盒下方。

❸ 用铅笔在纸上写你自己的名字。

❹ 观察字的一笔一划在镜子中的方向。

❺ 再在镜子下面放一张干净的纸。

❻ 再写下名字，但要求镜子上显示的是正确的写法。

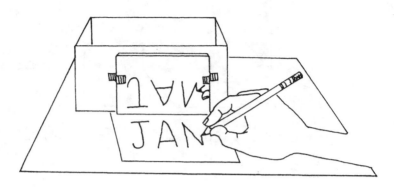

镜像相对于真实图像是反向的。左边是右边，右边则是左边。而文字上下颠倒，正是因为纸与镜面所成的角度。如果将纸沿它们的边界向镜面对折，所写的字和它的镜像将完全重合。

你知道吗

你永远没法看到别人眼中的自己。通过镜子所看到的自己，其实是一个相反的影像。

练习题参考答案

1. 当图片沿虚线对折，这两半会重合吗？

答：A. 是，两张网球拍构成镜像对称。

B. 是，图片是镜像对称。

C. 否，两只手均为右手，不是镜像对称。

206

2. 假如沿镜面边沿对折,哪个镜像和真实物体重合?

答: B。

3. 答: 一把钥匙。